U1012841

新型职业农民培育教材

生猪养殖实用技术

主　编：周立新

副主编：王定国

参　编：岳建国　刘金鑫　王春秀
罗培林　李　敏　李俐睿
周潇潇　苏中海　刘光莉

电子科技大学出版社
University of Electronic Science and Technology of China Press
成　都

图书在版编目（CIP）数据

生猪养殖实用技术 / 周立新主编 . - 成都 : 电子科技大学出版社, 2018. 4 (2023. 10重印)

ISBN 978 - 7 - 5647 - 6539 - 2

Ⅰ. ①生… Ⅱ. ①周… Ⅲ. ①养猪学 Ⅳ. ①S828

中国版本图书馆 CIP 数据核字（2018）第 163520 号

生猪养殖实用技术

周立新　主编

策划编辑　辜守义
责任编辑　辜守义
封面设计　杨　力

出版发行　电子科技大学出版社
　　　　　成都市一环路东一段 159 号电子信息产业大厦　邮编 610051
主　　页　www. uestcp. com. cn
服务电话　028 - 83203399
邮购电话　028 - 83201495

印　　刷　成都金龙印务有限责任公司
成品尺寸　140mm × 203mm
印　　张　5. 875
字　　数　131 千
版　　次　2018 年 4 月第一版
印　　次　2023 年 10 月第四次印刷
书　　号　ISBN 978 - 7 - 5647 - 6539 - 2
定　　价　18. 00 元

版权所有，侵权必究

新型职业农民培育教材

编　委　会

主　　任：潘海平

执行主任：陈开勇　王帮武

编　　委：邓爱群　丁　燕　陈代富

王　波　张中华　殷　姿

杨曙光　赵　艳　左亚红

胡　恒　胡　冰　邓　玲

编 者 的 话

为贯彻落实党的十九大关于实施乡村振兴战略的决策部署和中央一号文件关于全面建立职业农民制度的指示精神，加快培育高素质新型职业农民，我们组织有关高等院校、科研院所的涉农教师以及长期从事农业技术推广工作的资深专家，对原有的新型职业农民科技培训教材进行了修编。修编教材具有较强针对性和实用性，是目前国内同类教材中最新的一套培训教材，可更好地满足各地新型职业农民培训需要。

修编教材采用了国家最新标准、法定计量单位和最新名词、术语，并力求做到内容浅显易懂、图文并茂，让农民朋友易于学习、掌握。目前已完成修编的教材有 7 本，涵盖种植、养殖两个大类。

由于编写时间较为仓促，教材中难免存在不足和错误，诚恳希望各位专家和广大读者批评指正。

《新型职业农民培育教材》编委会

2018 年 6 月

前　言

改革开放以来，我省畜牧业呈现快速发展、欣欣向荣的景象。畜禽养殖业已成为农业和农村经济重要的支柱产业之一，成为广大农民脱贫增收致富奔小康的重要渠道。“粮猪安天下”，生猪居六畜之首，充分说明了生猪养殖在农村、农民心目中的地位。我省是生猪养殖和消费大省，2016 年出栏生猪 6925 万头、猪肉产量 494.5 万吨，生猪出栏量和猪肉产量均居全国首位。

随着经济社会发展和人们生活水平不断提高，人们对猪肉等畜产品的需求日益增加，为养猪业的发展提供了良好的机遇。但是，我省养猪业与欧美国家和国内经济发达的省市相比仍有较大的差距，尤其是农村养猪生产还比较原始、比较落后。为促进我省广大农村养猪生产发展，结合当前农村生猪养殖实际，我们编写了本书。在编写过程中参考了国内外有关专家的著作，对猪的品种、繁殖、饲料与营养、饲养管理、疫病防控、猪场建设与设备和粪便综合利用等分别做了介绍，可供广大农村养猪生产者和技术人员参考。

由于编写时间仓促和作者水平有限，书中难免有不当之处，敬请广大读者批评指正。

编　者
2017 年 8 月

目 录

第一章 猪的生物学特性

第一节 猪的生物学特点 …………………………（1）

第二节 猪的行为学特点 …………………………（3）

第二章 猪的品种及利用

第一节 猪品种的分类 ……………………………（5）

第二节 猪的品种介绍 ……………………………（6）

第三章 猪的繁殖技术

第一节 猪的生殖系统 ……………………………（30）

第二节 种母猪的繁殖 ……………………………（34）

第三节 猪的繁殖障碍 ……………………………（53）

第四章 猪的营养需要与饲料利用

第一节 猪的营养需要 ……………………………（58）

第二节 饲料 ………………………………………（62）

第五章 猪的饲养管理

第一节 种公猪的饲养管理 ………………………（72）

第二节 种母猪的饲养管理 ………………………（74）

第三节 仔猪的饲养管理 …………………………（85）

第四节 生长育肥猪饲养管理 ……………………（90）

第六章　猪场疫病综合防治
第一节　猪场卫生管理和消毒 ……………………（94）
第二节　免疫接种 …………………………………（96）
第三节　猪病的药物预防与防治方法 …………（100）
第四节　寄生虫病的综合防治 …………………（102）
第五节　猪的常见病和防疫 ……………………（103）
第七章　猪场建设与设施设备
第一节　猪场选址与规划布局 …………………（135）
第二节　猪舍建筑设计 …………………………（139）
第三节　猪场设施设备 …………………………（143）
第八章　猪粪便资源化利用技术
第一节　猪粪便对环境的影响 …………………（160）
第二节　猪粪便处理技术 ………………………（161）
第三节　种养结合模式介绍 ……………………（170）

主要参考文献 ……………………………………（177）

第一章　猪的生物学特性

猪在长期的进化过程中，由于自然选择和人工选择的作用，逐渐形成了不同于其他动物特有的生物学特性。不同猪种或类型，既有共性，又有各自的特性。

第一节　猪的生物学特点

一、繁殖力强，世代间隔短

（一）性成熟早

地方品种猪一般 3 ~ 4 月龄初次发情，6 ~ 8 月龄可配种；引进品种和二杂母猪 6 ~ 8 月龄初次发情，8 ~ 10 月龄可配种。

（二）妊娠期短

猪的妊娠期平均为 114 天。经产母猪一年能产 2.2 ~ 2.5 胎，一年可提供断奶仔猪 22 头以上。

二、食性广，饲料利用率高

猪是杂食性动物。它的胃介于肉食动物的单胃与反刍动物的多胃之间的中间类型。胃容量达 7 ~ 8L，小肠长度为 16 ~ 20m，大肠长 4 ~ 5mm。能广泛利用植物性、动物性和矿物质饲料，从中获取营养。对精饲料有机物的消化率为 76.7%，对青草和优质干草的消化率分别为 64.6% 和 51.2%。对粗纤维的消化利用能力较差，消化率为 3% ~25%。

三、生长快，产肉量高

仔猪出生后生长速度特别快，1 月龄时可达初生重的 5 ~6 倍，2 月龄时可达初生重的 10 ~13 倍，断奶后至 8 月龄前，生长仍很迅速。在满足营养需要的条件下，160 ~170 日龄体重可达到 90 ~110kg。猪的屠宰率高，一般为 70% 左右。正常情况下，一头种母猪年可提供 1t 左右的猪肉。

四、嗅觉、听觉灵敏，视觉差

猪的嗅觉发达，仔猪在出生后几小时便能够鉴别气味。母猪能够利用嗅觉识别自己生下的仔猪，排斥其他仔猪。猪的听觉很敏感，能够细致辨别声音的强度、音调、节律，容易对口令和声音的刺激调教养成习惯，利用这一特点，饲养员可以进行各种调教。猪的视觉很弱，缺乏精确的辨别能力，视距、视野范围小，不靠近物体就看不见东西。

五、适应性强，分布广

猪对地理、气候等条件的适应性强，是世界上分布广、数量最多的家畜之一。任何猪种，对繁衍、生长地区的气候条件、饲料资源都有较好的适应性。

六、群居次序明显

猪喜欢群居，同窝仔猪之间能够和睦相处，不同窝或群的猪并圈，会发生打斗，待建立起次序后，就会形成一个较稳定的群居位次环境。在猪群内，不论群体大小，都会按体质强弱建立明显的位次关系，体质好，稍强的排在前面，稍弱的排在后面，依次形成固定的位次关系。

第二节　猪的行为学特点

猪和其他动物一样，对其生活环境、气候条件和饲养管理条件等反应，在行为上都有其特殊的表现，而且有一定的规律性。

一、采食行为

包括摄食和饮水，并具有各种年龄特征。摄食有选择性，特别喜爱甜食。颗粒料与粉料相比，猪爱吃颗粒料；湿料与干料相比，猪爱吃湿料。采食有竞争性，群饲的猪比单饲的猪吃得多、吃得快，增重也快。一般情况下，饮水与采食同时进行。猪的饮水量相当大，仔猪出生后就需要饮水，吃料时饮水量约为干料的2~3倍；成年猪的饮水量受饲料、环境温度等因数的影响。

二、排泄行为

猪习惯在固定地点排粪尿。排粪尿有一定时间和区域，一般多在采食、饮水后或起卧时，选择阴暗潮湿或污浊的角落排粪尿，且受邻近猪的影响。

三、群居行为

群居行为是猪群中个体之间发生的各种交互作用。结对是一种突出的交往活动，猪群体表现出更多的身体接触和保持听觉的信息传递。猪有定居漫游的习性，具有明显的等级，这种等级刚出生后不久即形成。

四、争斗行为

包括进攻、防御、躲避和守势等活动。常见的争斗行为一般是为争夺饲料和地盘所引起，新合并的猪群内相互交锋，除争夺饲料和地盘外，还有调整猪群群居结构的作用。猪群的争斗行为，多受饲养密度的影响，当猪群密度过大，每头猪所占空间下降时，群内咬斗次数和强度增加，会造成猪群采食量下降，增重放缓。

五、性行为

包括发情、求偶和交配行为。母猪在发情期特异的求偶表现，公母猪都表现出一些交配前的行为。

六、母性行为

包括分娩前后母猪的一系列行为，如絮窝、哺乳及其他抚育仔猪的活动等。这些母性行为，地方猪种表现尤为明显，而外血猪种的母性行为有所减弱。

七、后效行为

猪的行为有的与生俱来，如觅食、哺乳和性行为等，有的则是后天形成的，如识别某些事物和听从人类指挥的行为等。后天获得的行为称条件反射，或称后效行为。后效行为是猪生后对新鲜事物的熟悉而逐渐建立起来的。

第二章　猪的品种及利用

在现代养猪生产中，猪品种起到十分关键的作用，种猪品质的优劣，直接影响养猪的经济效益。猪品种与利用的核心是纯种良种化和商品代杂交化。根据市场需求，选择最优秀的品种进行合理的纯种繁育和杂交利用，有利于在商品代综合多品种优良性状，表现良好的适应性、快速生长和较高的整齐度，从而实现产品生产的优质高效。

第一节　猪品种的分类

根据用途，通常把猪分为脂肪型、瘦肉型、兼用型三种类型。根据猪的来源，我国猪种也可以划分为引进品种、培育品种和地方品种三种类型。引进品种是从国外引进的品种，主要有长白猪、大白猪、杜洛克猪、皮特兰猪、汉普夏猪、PIC 配套系猪、斯格猪等。培育品种主要是利用国外引入的猪种与地方品种杂交育成的品种，如天府肉猪、川藏黑猪、苏太猪、三江白猪等。地方品种是原产于我国的猪种，如太湖猪、荣昌猪、成华猪、雅南猪、内江猪等。地方品种猪的主要特点是产仔数高，耐粗饲，但生长速度慢，瘦肉率低。引进品种生长速度快，瘦肉率高，对饲料营养条件要求高。我国培育品种猪由于大部分是杂交合成的，其特点也介于二者中间。

第二节　猪的品种介绍

一、引进瘦肉型品种

（一）长白猪

1. 产地与分布

原产于丹麦，是世界上著名的优秀品种之一，分布十分广泛。属瘦肉型品种，胴体瘦肉率高，生长快，繁殖性能良好，适应能力一般。因这种猪以毛色全白，体躯特长为特征，故称长白猪。

2. 体型外貌

体躯长，全身皮毛白色，耳大较直而长并向前倾，头和颈较轻，嘴长较直，背线平直稍呈弓形，臀部肌肉丰满，腹线平直，乳头数 6 对以上，排列整齐。成年体重：公猪 350 ~ 400kg，母猪 250 ~ 300kg。

3. 生长性能

（1）繁殖性能。公猪性成熟在 6 月龄左右，8 月龄可参加配种，母猪初情期 6 ~ 7 月龄，9 月龄适宜配种。母猪发情周期 21 ~ 23 天，发情持续期为 2 ~ 3 天，有些母猪发情征兆不太明显。妊娠期 112 ~ 116 天，母猪窝产仔数初产 9 头以上，经产 10 头以上，21 日龄断奶头数 8 头以上，经产 9 头以上，断奶窝重 50 ~ 60kg。

（2）生长性能。后备公猪日龄 180 天以内体重可达 90kg，后备母猪 185 天以内体重可达 90kg，优秀公猪在 130 天以内体重可达100kg。公猪在30～90kg阶段日增重达700g以上，母猪650g以上，饲料利用率（耗料:增重）3.1:1以下。

（3）胴体品质。90kg屠宰，瘦肉率61%～65%。

4. 杂交利用。

本品种是生产瘦肉型猪的优良亲本，可用作父系或母系品种。在杜长大三元杂交繁育体系中，主要用作父本与纯种大约克母猪杂交生产二元杂交母猪。适用于规模饲养，需要较高的饲养管理水平。

图2－1　长白猪公猪

图2－2　长白猪母猪

（二）大约克夏猪

1. 产地与分布

大约克夏猪也称大白猪，原产于英国，是世界上著名的瘦肉型品种。大白猪具有适应性强、繁殖力高、生长速度快、体质结实、瘦肉率高等优良性状。在我国饲养历史悠久。

2. 体型外貌

大白猪全身白色，头中等大小，面部微凹，耳适中、直立，胸宽深适度。肋骨拱张良好，背腰较长，略呈弓形，臀宽长，后躯发育良好，腹线平直，四肢高而结实，乳头6～7对。成年体重公猪300～400kg，母猪250～300kg。

3. 生产性能

（1）繁殖性能。母猪5月龄开始发情，8月龄可参加配种，发情期18～22天，发情持续期3～4天，妊娠113～115天。母猪窝产活仔数初产9头以上，经产10头以上，21日龄断奶头数初产8头以上，经产9头以上，断奶窝重50～60kg。

图2－3 大约克夏公猪

（2）生长性能。后备公猪在180天以内体重达90kg，后备母猪在185天以内体重达90kg，优秀公猪在130天以内体重可达100kg。公猪在30～90kg阶段日增重达700g以上，母猪650g以上，饲料利用率（耗料:增重）3.2:1以下。

（3）胴体品质。90kg屠宰，瘦肉率61%以上。

4. 杂交利用

本品种是生产瘦肉型商品猪的优良亲本，可用作父系或母系品种。在杜长大三元杂交繁育体系中作为母本与长白公猪杂交生产二元杂交母猪。

图 2－4 大约克夏母猪

（三）杜洛克猪

1. 产地与分布

原产于美国。该品种体质结实，适应性强，容易饲养，生长速度快，瘦肉率高，杂交利用效果明显。是世界上应用最广泛的终端父本品种。

2. 体型外貌

全身皮毛深浅不一，由金黄色至棕红色，甚至有灰黑色，但以棕红色最为典型。全身无任何白斑或白毛，而皮肤有的出现黑色斑点，但大块黑斑或黑毛是不允许的。耳中等大，略向前倾，从耳中部开始下垂，称为半垂耳，背呈弓形，腹线平直，腿臀肌肉丰满，四肢粗壮结实，蹄甲黑色，性情温驯，乳头数 6 对以上，排列整齐。成年体重公猪 300 ~ 420kg，母猪 250 ~ 370kg。

3. 生产性能

（1）繁殖性能。该猪性成熟较晚，通常 6 ~ 7 月龄开始发情，8 月龄以后方能配种，发情周期为 21 天左右，发情持续期为 2～3 天，妊娠 115 天左右。母猪窝产活仔数初产 7 头以上，经产 8 头以上，21 日龄断奶头数初产 6 头以上，经产 7 头以上，断奶窝重 35～45kg。

（2）生长性能。后备公猪在 175 天以下体重达 90kg，后备母猪在 180 天以下体重达 90kg，优秀公猪在 140 天以下体重达 100kg。公猪在 30～90kg 阶段日增重达 700g 以上。饲料利用率（耗料∶增重）3. 1∶1 以下。

（3）胴体品质。90kg 屠宰，瘦肉率 63% 以上。

图 2－5　杜洛克公猪

图 2－6　杜洛克母猪

4. 杂交利用

在杂交生产中主要用作父系或父本。在杜长大三元杂交繁育体系中作为终端父本，与长大或大长二元母猪杂交生产三元杂交猪。

（四）汉普夏猪

1. 产地与分布

汉普夏猪育成于美国，是世界著名瘦肉型品种之一。主要特点是：生长发育快，抗逆性强，饲料利用率和胴体瘦肉率较高，肉质好等优点，但产仔数较少。目前在我市饲养数量较少。

2. 外貌体型标准

体型大，耳中等大小且直立，嘴较长、而直，体躯较长，四肢稍短而健壮，背腰微弓，后躯肌肉丰满。汉普夏猪的毛色特征突出，即在肩颈结合部有一白带（包括肩和前肢）其余均为黑色，故有“银带猪”之称。正常乳头 6 对以上，排列良好。

图 2－7　汉普夏公猪

3. 生产性能

性成熟较晚，母猪一般在 6～7 月龄，体重 90～110kg 时开始发情，发情周期 19～22 天，发情持续期 2～3 天，妊娠期 112～116 天。初产母猪产仔数 7～8 头，经产母猪产仔数 8～9 头；生长育肥猪 180 日龄，体重可达 95kg 以上，胴体瘦肉率可达到 64% 以上。

4. 杂交利用

主要用作终端父本。

（五）皮特兰猪

1. 产地与分布

皮特兰猪原产于比利时，是欧洲较为流行的一个瘦肉型品种。在我国饲养数量不多。该品种猪的胴体瘦肉率高达69%~75%，能极显著地提高其杂交后代的胴体瘦肉率，因而受到广泛关注。但该品种有三个较为明显的弱点：一是应激反应频繁、强烈；二是生长速度慢；三是肉质较差，PSE肉（白肌肉）较高。在应用时应谨慎小心 。

2. 体型外貌

被毛呈大块黑白花、灰白花斑且夹有红毛，耳中等大小且微向前倾，体躯较短，背幅宽，最大的特点是眼肌面积大，后腿丰满。

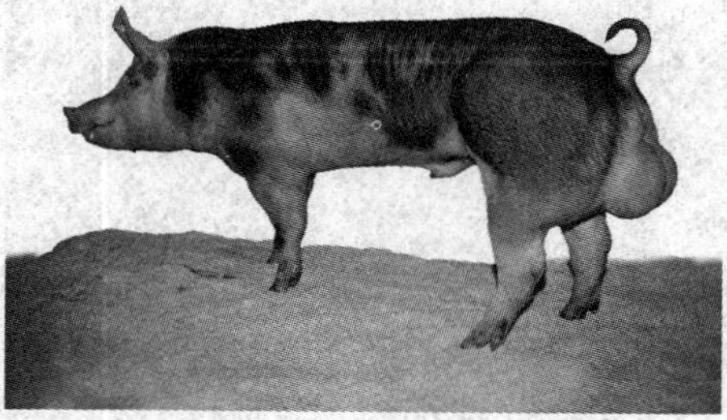

图2－8　皮特兰公猪

3. 生产性能

经产母猪窝产仔9头左右，生长发育和饲料利用率相对于其他有色品种猪较低。

4. 杂交利用

主要用作终端父本或与杜洛克母猪杂交生产皮杜二元杂交，公猪用作终端父本。

图 2－9　皮特兰母猪

（六）PIC 配套系猪

1. 产地与分布

PIC 配套系猪是 PIC 种猪改良公司选育的世界著名配套系猪种之一。PIC 中国公司成立于 1996 年，在 1997 年 10 月从 PIC 英国公司遗传核心群直接进口了五个品系共 669 头种猪组成了核心群，开始了 PIC 种猪的生产和推广，经过长期的饲养实践证明，PIC 种猪及商品猪符合中国养猪生产的国情。

父　系　　　　母　系

曾祖代（GGP）　A♂/♀　B♂/♀　　C♂/♀　　D♂/♀ × E♂/♀

↓　↓　　↓　　↓

祖　代(GP)　A♂ × B♀　　C♂　×　DE♀

↓　　↓

父母代（PS）　AB♂　×　CDE♀

↓

ABCDE 商品代

图 2－10　PIC 配套系猪配套模式与繁育体系示意图

2. PIC 配套系猪配套模式与繁育体系

PIC 五元杂交配套系的父系选育以生长速度、饲料利用率和体型为主要育种指标。母系的选育以产仔数和繁殖性能为主要育种指标。五元杂交配套系充分地利用了个体之间的杂交优势。PIC 配套系猪配套模式与繁育体系如图 2－10 所示。

PIC 曾祖代的品系都是合成系，具备了父系和母系所需要的不同特性；祖代种猪提供给扩繁场使用，包括祖代母猪（DE 系）和公猪，父母代种猪来自扩繁场，用于生产商品肉猪，包括父母代母猪（CDE 系，商品名称康贝尔母猪）和公猪（AB 系）。

图 2－11　PIC 配套系种公猪

图 2－12　PIC 配套系种母猪

ABCDE 是 PIC 五元杂交的终端商品肉猪，155 日龄体重达 100kg 以上，育肥期饲料转化率 1∶(2.6～2.65)。胴体瘦肉率 66%，屠宰率 73%，肉质优良。饲养 PIC 猪的生长和生产潜力很大，为充分发挥其潜在性能，需要较高的营养水平。

二、优良地方猪种

（一）太湖猪

1. 产地和分布

太湖猪是世界上产仔数最多的猪种，享有“国宝”之誉，无锡地区是太湖猪的重点产区。主要分布于长江下游，江苏省、浙江省和上海市交界的太湖流域。我国许多省市都有引进，并输出到阿尔巴尼亚、法国、泰国、匈牙利等国。

按照体型外貌和性能上的差异，太湖猪可以划分成几个地方群类：即二花脸、梅山、枫径、嘉兴黑、横径、米猪和沙乌头等。

2. 品种特征

太湖猪体型中等，被毛稀疏，黑或青灰色，四肢、鼻均为白色，腹部紫红，头大额宽，额部和后驱皱褶深密，耳大下垂，形如烤烟叶。四肢粗壮、腹大下垂、臀部稍高、乳头 8～9 对，最多 12.5 对。依产地不同分为二花脸、梅山、枫泾、嘉兴黑和横泾等类型，各群类之间有差异，以梅山猪较大，骨骼粗壮；米猪的骨骼比较细致；二花脸猪、枫径猪、横径猪和嘉兴黑猪介于两者之间。沙乌头猪体质比较紧凑。太湖猪的头大、额宽，额部皱褶多、深；耳特大，软而下垂，耳尖齐或超过嘴角，形似大蒲扇。全身被毛为黑色或青灰色，毛稀疏，毛丛密但间距大。腹部的皮肤多为紫红色，也有鼻端白色或尾尖白色的，梅山猪的四肢末端为白色。俗称“四白脚”。

3. 生产性能

繁殖性能高。太湖猪高产性能蜚声世界，是我国乃至全世界猪种中繁殖力最强，太湖猪产仔数量最多的优良品种之一，尤以二花脸、梅山猪最高。初产平均 12 头，经产母猪平均 16 头以上，三胎以上，每胎可产 20 头，优秀母猪窝产仔数达 26 头，最高纪录产过 42 头。太湖猪性成熟早，公猪 4 – 5 月龄精子的品质即达成年猪水平。母猪两月龄即出现发情。太湖猪护仔性强，泌乳力高，起卧谨慎，能减少仔猪被压。仔猪哺育率及育成率较高。成年公猪体重 160kg，母猪 127kg。太湖猪早熟易肥，6 月龄体重达 65kg，屠宰率 65% ~70%，胴体瘦肉率 38. 8% ~45%，肌肉 pH 值为 6. 55。

4. 杂交利用

杂交优势强。太湖猪遗传性能较稳定，与瘦肉型猪种结合杂交优势强。最宜作杂交母体。常用作长太母本（长白公猪与太湖母猪杂交的第一代母猪）开展三元杂交。杜长太或约长太等三元杂交组合类型保持了亲本产仔数多、瘦肉率高、生长速度快等特点。由于太湖猪具有高繁殖力，世界许多国家都引入太湖猪与其本国猪种进行杂交，以提高其本国猪种的繁殖力。

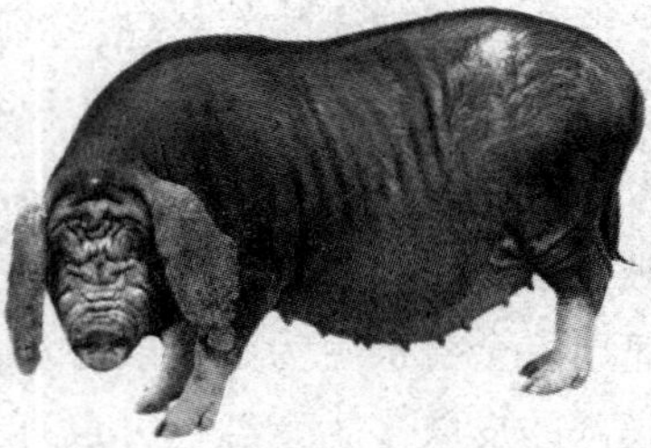

图 2 – 13　太湖母猪

图 2－14　太湖梅山母猪——“四白脚”

（二）成华猪

1. 产地与分布

原产于成都平原，主要分布于成都市的新都、郫县、青白江、双流、龙泉驿、崇州及德阳市广汉、旌阳、什邡、罗江、绵竹等市（区、县），成都市种畜场是成华猪育种场。成华猪具有早熟、耐粗饲、贮脂能力强、屠宰率高、肉质细嫩和肌纤维细的特点。

2. 外貌特征

体型中等，被毛黑色，头方正、额面皱纹少而浅，耳较小下垂，嘴筒长短适中，颈粗短，背腰较宽微陷，腹围圆稍下垂，臀部较丰满，四肢较短而坚实，奶头 6～7 对，排列均匀，睾丸发育良好；农谚曾形象地描述为：金钱耳、三道箍，稀毛白皮船底肚，骡子屁股泥鳅尾，羊蹄、钉奶是成华猪。

3. 生产性能

成年母猪体重 126kg，公猪 133kg；配种年龄，母猪 6～8 月龄，公猪 8 月龄，配种盛期 1～2 岁。窝平产仔 11.2 头，初生重 800～850g，日增重 464g，适宜屠宰体重 75kg、屠宰率 68.8%，胴体瘦肉率 43.2%。

4. 杂交利用

尤以杜成、长成、杜长成、约长成最佳；日增重可达500~600g；二元杂交一代胴体瘦肉可达48%以上，三元杂交胴体瘦肉率可达57%。

图2-15　成华猪公猪

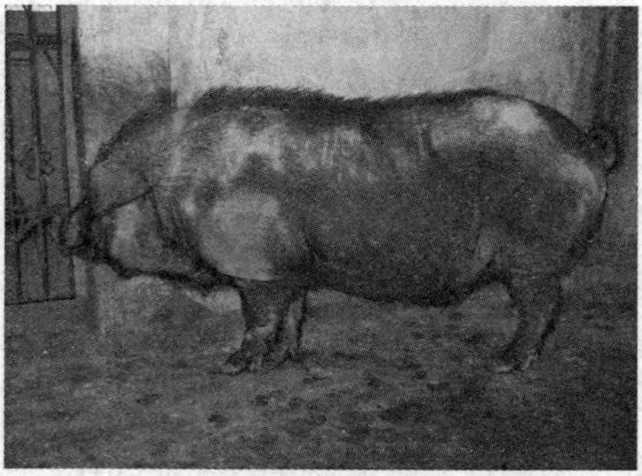

图2-16　成华猪母猪

（三）雅南猪

1. 产地与分布

雅南猪为肉脂兼用型品种。原产于洪雅、丹棱、邛崃、名山、犍为和荣县等县，分布于夹江、峨边、马边、金河口区、沐川、芦山、雨城、眉山、彭山、天全、宝兴、荥经、汉源、石棉等县市。产区位于川西南邛崃山脉及青衣江流域的四川盆地西部丘陵地区，海拔一般在400~800m，气候温和，雨量充沛的地区，它包含洪雅、丹棱一带的雅河猪、邛崃南河猪、名山黑猪及荣县楞子猪等。雅南猪具有耐粗饲、适应性强、繁殖性能较高等特点。

2. 品种特征

被毛黑色，体型中等、躯体较长、宽而适中，额部有顺八字或倒八字浅皱纹，耳中等大小，下垂，口岔较深；背腰平直、后躯稍倾斜、臀部欠丰满，腹大略下垂，乳头7~8对，排列均匀；四肢开张直立，姿势正常，经产母猪多踏蹄。成年公猪体重89.47±19.39kg，成年母猪体重74.75±9.81kg。

3. 生产性能

雅南猪性早熟，公猪60日龄有爬跨行为，90日龄可配种使母猪受孕。适宜初配年龄为公猪6~7月龄，母猪初次发情4月龄左右，初配年龄5~7月龄，发情期18~23天，发情持续期2~3天，妊娠期平均为113.9天。初产每窝8头以上，经产每窝10.51头，活产字数10.30头，仔猪初生重880g，在较好饲养条件下30日龄断奶头数9.8头，断奶个体重4.26kg，成活率95.10%。

在农村饲养条件下，雅南猪215日龄可达84.32kg，日增重423.67g，饲料利用率（耗料∶增重）4.05∶1，在85kg左右屠宰，屠宰率67.20%，胴体瘦肉率43.21%。

4. 杂交利用

长雅杂交组合最好，提高日增重和胴体瘦肉率较显著；其次是约雅杂交组合；如用杜洛克公猪再与上述母猪进行三元杂交，其效果更好。

图 2－17　雅南猪母猪

图 2－18　雅南猪公猪

（四）荣昌猪

1. 产地与分布

荣昌猪产于重庆市荣昌和隆昌两县，后扩大到永川、泸县、泸州、合江、纳溪、大足、铜梁、江津、璧山、宜宾及重庆等 10 余县、市。

2. 品种特征

体型较大，除两眼四周或头部有大小不等的黑斑外，其余均为白色，是我国地方猪种当中少有的白色猪种之一。鬃毛洁白、刚韧，品质良好，享誉国内外。荣昌猪头大小适中，面微凹，耳中等大、下垂，额面皱纹横行、有漩毛；体躯较长，发育匀称，背腰微凹，腹大而深，臀部稍倾斜，四肢细致、结实；鬃毛洁白、刚韧。猪鬃平均长 13.44cm，1 头猪能产上等鬃毛 250 ~ 300g，净毛率 90%。乳头为 6 ~ 7 对。

图 2 - 19　荣昌猪公猪

图 2 - 20　荣昌猪母猪

3. 生产性能

成年母猪体重125kg，公猪135kg；配种年龄，母猪5～6月龄，公猪8月龄，窝平均产仔11.4头。生长肥育性能较好，在正常情况下，肥育期平均日增重623g。屠宰适期以7～8月龄、体重80kg左右为宜，胴体瘦肉率在地方猪种中相对较高，达到42%～46%。

4. 杂交利用

用中约克夏猪、巴克夏猪、长白猪作父本与荣昌母猪杂交，一代杂种猪均有一定杂种优势，其中以长荣的配合力较好。用汉普夏、杜洛克与荣昌猪进行杂交，一代杂种猪瘦肉率可达54%。

图2－21　荣昌猪仔猪

（五）内江猪

1. 产地和分布

原产于四川内江市东兴区、市中区等，主要分布于内江市资中、东兴、市中区、威远，资阳市雁江、安岳、乐至，自贡市大安区、荣县、富顺等县区，泸州、遂宁、广安等市也有零星分布。为肉脂兼用型品种。

2. 品种特征

被毛全黑，鬃毛粗长，皮厚，体型大，体质较疏松；头大，嘴筒短，额部横纹较深，额皮中部隆起成肉团。耳中等大小，下垂；体躯宽、深，背腰微凹，腹大不拖地，臀部宽稍后倾，乳头 6 ~7 对排列整齐，尾长不超过飞节，四肢粗壮。

图 2 –22　内江猪公猪

图 2 –23　内江猪母猪

3. 生产性能

一般配种年龄公猪 180 日龄、母猪 230 日龄。发情周期 19. 34 天，发情期 3. 0 天，妊娠期 114. 07 天。母猪繁殖力较强，每胎产仔 10 ~ 20 头，平均产活仔 10. 5 头，初生重 0. 78kg，在配合饲料饲养条件下，190 日龄达 90kg，肥育期日增重为 532g，饲料利用率（耗料∶增重）3.4∶1，屠宰率 71.5%，瘦肉率 41.14%。90kg 以后增重速度仍然较高，体重达 120kg 时的日增重为 587g，饲料利用率（耗料:增重）3.7:1。

4. 杂交利用

内江猪具有遗传稳定、配合力好、抗逆性强、肉质好、性情温顺等优良特性，但存在胴体瘦肉率偏低、皮厚等弱点。主要作为母本，以长白、巴克夏杂交组合较优。

（六）藏猪

1. 产地与分布

藏猪为肉脂兼用型品种，产于青藏高原的半农牧区。在四川主要分布于甘孜藏族自治州的稻城、乡城、德荣、巴塘、雅江、道孚、理塘、丹巴、甘孜、石渠、新龙、炉霍及阿坝藏族羌族自治州若尔盖、黑水、马尔康等县。适用于高原生态气候环境，具有耐高寒、耐粗饲、抗逆性强等特点，视觉发达、听觉、嗅觉灵敏。反应迅速，奔跑能力强。

2. 品种特征

体型较小，皮薄，多为黑色，少数棕色，鬃毛长而密，被毛下有大量绒毛，部分藏猪额部、肢端、尾尖有白毛，少数仔猪阶段性有黄色纵行条纹；头狭，额面宽，无皱纹，嘴长略尖，耳小直立；体躯窄，背腰微凸；后躯较前躯略高，腹线较平，尻部倾斜；四肢结实紧凑，很少踣蹄。乳头 5～6 对。成年公猪体重 39.71±7.59kg，成年母猪体重 38.70±2.97kg。

3. 生产性能

藏猪 120 日龄性成熟，180 日龄可配种，发情周期 18～21 天，平均 19.55 天，妊娠期 112～115 天，平均 112.75 天。初产母猪平均产仔数 3.9 头。活产仔数 3.76 头，初生重 0.46kg，60 日龄断奶头数 3.38 头，断奶个体重 2.97kg，成活率

89.90%；经产母猪平均产仔数5.26头，活产仔数5.08头，初生重0.49kg，60日龄断奶头数4.2头，断奶个体重3.0kg，成活率82.70%。

在放牧加补饲条件下，藏公猪601日龄可达48.94kg，藏母猪580日龄可达43.81kg。屠宰率64.45%～65.50%，瘦肉率为53.74%～54.54%。藏猪肌肉纤维特细，含脂肪多，肉质细嫩，香味浓。

图2－24　藏猪公猪

图2－25　藏猪母猪

4. 杂交利用

藏猪母猪与内江猪、荣昌猪、约克猪、长白猪等杂交。由于适应性等原因，藏猪与其他外来品种的杂交利用很少。内江猪与藏猪杂种能适应当地条件，产仔较多，增重较快。

三、培育猪种

（一）川藏黑猪配套系

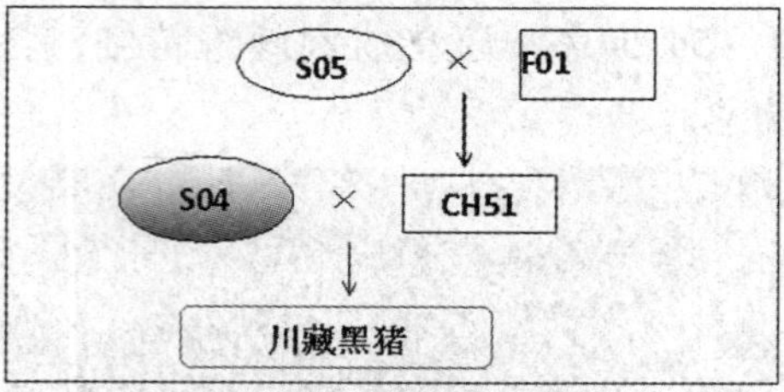

图 2－26　川藏黑猪品系配套模式

图 2－27　川藏黑猪商品猪

川藏黑猪配套系是四川省畜牧科学研究院采用现代遗传育种技术，利用国内外两类优质遗传资源，历经 14 年攻关研究培育而成的优质猪配套系。该配套系既有地方猪肉质优异、抗病力强的突出特点，又有引进猪种生产效率高的显著优点，其繁殖力高，环境适应力强，特色鲜明，于 2014 年 2 月获得国家畜禽品种资源委员会新品种（配套系）证书。其父母代母猪经产仔数 12. 50 头，商品猪达 90kg 体重日龄 187. 22 天，饲料利用率（耗料:增重）3. 14:1，瘦肉率 57. 72%，肌内脂肪含量 4. 07%，生产的猪肉具“肉质细嫩多汁、鲜香爽口、香味浓郁、回味悠长”等特点，是生产优质风味猪肉，满足中高端猪肉消费市场的理想猪种。

（二）天府肉猪配套系

天府肉猪配套系是由四川农业大学、四川铁骑力士牧业科技有限公司、四川省畜牧总站联合培育的一个新品种。利用杜洛克、长白、约克夏三大外种猪及梅山猪品种资源，经多世代选育形成的优质瘦肉型猪配套系，适宜生长在西南地区。

天府肉猪配套系为 3 系配套，其中：I 系是以杜洛克公猪为终端父本；II 系是以长白猪公猪为母系父本；III 系是以大白猪和梅山猪为母系母本。

I 系：全身被毛红棕色，达 100kg 日龄 169. 9 天，活体背膘厚 8. 8mm，育肥期日增重 943g；胴体瘦肉率 65%；产仔数初产 9. 27 头、经产 10. 03 头。

Ⅱ系：全身被毛白色（有少量花斑），达 100kg 日龄 170. 7 天，活体背膘厚 8. 1mm，育肥期日增重 820g；胴体瘦肉率 69. 8%；产仔数初产 11. 16 头、经产 11. 7 头。

Ⅲ系：全身被毛白色（有少量花斑），性情温顺，母性好，有效乳头 7 对以上。达 100kg 日龄 169. 5 天，活体背膘厚 8. 8mm，育肥期日增重 834g；胴体瘦肉率 67. 9%；产仔数初产 11. 13 头、经产 12. 06 头。

父母代（F1）母猪全身被毛白色（有少量花斑），性情温顺，母性好，有效乳头 7 对以上。产仔数初产 12. 06 头，经产 12. 66 头。

商品肉猪体型紧凑，被毛白色，背臀有暗斑，一致性好。30 ~ 100kg 日增重 863g，饲料利用率（耗料∶增重）2. 45∶1；屠宰率 74. 4%，胴体瘦肉率 63%，肉色评分 3. 85，肌内脂肪含量 2. 22%。无 PSE 肉、天 F 天肉。

四、猪的杂交利用

（一）杂交的概念

杂交一般是指不同系、品种个体间的交配。由杂交得到的子一代个体，叫杂种。杂交猪比亲本纯种猪具有出生体重大，产仔多，长生快，抗逆性强，饲料利用率高，容易饲养，同时胴体品质也得到改善等特点。因此，杂交在养猪生产中有着十分重要的作用，杂交利用已成为发展现代养猪生产的重要途径。

（二）杂交模式

1. 二元杂交猪

是指两品种杂交所生产的一代杂种猪。

（1）利用杜洛克、长白、大白等优良瘦肉型猪进行二元杂交，生产杜长、杜大、长大、大长等二元杂交猪。其杂交模式如图 2－29。

杜洛克♂×长白（或大白）♀

↓

杜长（或杜大）

图 2－28　杜长（或杜大）二元杂交模式图

长白（或大白）♂×大白（或长白）♀

↓

长大（或大长）

图 2－29　长大（或大长）二元杂交模式图

（2）利用杜洛克、长白、大白等优良瘦肉型公猪与地方品种母猪进行二元杂交，生产杜本、长本、大本等二元杂交猪，如：杜×成、长×成，长×雅，长×荣等。

2. 三元杂交猪

是指两品种杂交所生产的一代杂种母猪，选留其中优秀个体，再与第三品种公猪杂交所生产的二代杂种猪。

（1）利用杜洛克、长白、大白等优良瘦肉型猪进行三元杂交，生产杜长大、杜大长等三元杂交猪，俗称 DLY 三元杂交商品猪。其杂交模式如图 2－30 所示。

长白（或大白）♂×大白（或长白）♀

↓

杜洛克♂×长大（或大长）♀

↓

杜长大（或杜大长）

图 2－30 杜长大（或杜大长）三元杂交模式图

（2）利用杜洛克、长白、大白等优良瘦肉型公猪与本地猪进行三元杂交，生产杜长本、杜大本等三元杂交猪。其杂交模式如图 2－31 所示。

长白（或大白）♂×本地♀

↓

杜洛克♂×长本（或大本）♀

↓

杜长本（或杜大本）

图 2－31 杜长本（或杜大本）三元杂交模式图

3. 配套系

配套系是指两个以上专门化品系杂交所生产的杂种猪。养猪生产中常用的配套系类型是 2 系、3 系、4 系和 5 系配套，目前四川主要有的配套系：PIC 猪配套系、天府肉猪配套系、川藏黑猪配套系等。

配套系猪种有四大优势：一是瘦肉率更高。配套系瘦肉率在 65%～70%；二是繁殖能力更强。配套系一胎产仔 12 头以上，两年 5 胎；三是生长周期更短。配套系长到 90～100kg 需 160 天左右；四是成本更低。配套系每长 1kg 肉消耗约 2.8kg 饲料。

第三章　猪的繁殖技术

种猪的生产在养猪生产的各个环节中起着关键性的作用，母猪繁殖效率的高低是决定养猪成本的主要环节，提高种猪的繁殖性能，挖掘种猪的繁殖潜力，对于提高养猪的经济效益具有重要意义。

第一节　猪的生殖系统

公猪的生殖系统由大脑、睾丸、附睾、阴囊、输精管、尿道、副性腺（精囊腺、前列腺和尿道球腺）、阴茎等部分组成。母猪的生殖系统由大脑、卵巢、输卵管、子宫、阴道、尿道及阴户等部分组成。

一、公猪的生殖器官及功能

公猪的生殖器官由睾丸、附睾、副性腺、输精管及尿生殖道和阴茎组成。

（一）睾丸

睾丸是公猪的主要生殖器官，其功能是产生精子和雄激素。它在阴囊腔内，左右各 1 个。阴囊可使睾丸免受物理损伤和保持睾丸温度低于体温 5℃左右。睾丸温度一旦达到 35℃以上，公猪的受精率就会降低。精子在睾丸内的精细管产生，每天产生 80 亿 ~ 160 亿个精子。

（二）附睾

附睾是精子成熟和贮存的场所。由精细管输入附睾的精子未完全成熟，活力微弱，无受精能力。精子在通过附睾体到达附睾尾的过程中，逐渐发育成熟，需 9 ~ 12 天的时间。在附睾内贮存的精子，60 余天仍有受精力。但是，贮存过久，精子的活力就会降低，甚至畸形及死亡。因此，在生产实践中对长期不配种的公猪，第一次采的精最好不用，以免影响受胎率，相反，过度采精、配种的公猪，也要掌握采精、配种频度。平时注意调教好种公猪十分重要。

（三）副性腺

副性腺分泌大量的分泌物，又叫精清。精子在尿道与精清混合成精液。精清主要有以下几个作用：一是可以保护进入子宫的精子免受母猪免疫系统的破坏；二是冲洗尿道，减少尿液危害；三是活化精子，改变休眠状态，供给精子营养物质；四是帮助推动和运送精子到体外。此外，副性腺是依靠雄激素而发生作用的，与睾丸的正常功能是密切相关的。

（四）输精管及尿生殖道

输精管及尿生殖道是公猪尿和精液排出的共同管道，是附睾尾和尿道之间的连接通道。采精或配种时，精子通过输精管进入尿道，再通过尿道排出体外。公猪射精时，总要先排出一些精清，冲洗清洁尿道。所以，人工采精时，应去掉最早排出的那一部分精清，保证精液不受其污染。

（五）阴茎

阴茎是公猪的交配器官，呈螺旋状，交配时能锁住母猪的子宫颈，保证交配的质量。阴茎包皮的开口处有一个皮囊，分泌有强烈雄性气味的分泌物，起刺激和引诱发情母猪的作用。

二、母猪的生殖器官

母猪的生殖器官由性腺（卵巢）、输卵管、子宫、阴道和阴门组成。

（一）性腺（卵巢）

是母猪的主要生殖器官。其功能是产生卵子和雌激素及黄体酮。卵巢位于腹腔内肾脏后方，左右各1个，随母猪年龄和胎次的增加而逐渐下移。发情时，卵子在卵巢表面发育成充满液体的水泡样卵泡，然后破裂，释放出卵子。母猪发情后一般每次能释放10～25个卵子，直径8～12mm。母猪妊娠后在卵巢上释放卵子的地方形成多个黄体，同时分泌孕激素，维持正常妊娠。黄体功能一旦消失，妊娠就会中断。

（二）输卵管

输卵管是接受卵子和运送卵子的器官。精子完成获能，精子卵子结合受精以及卵裂均在输卵管内进行。输卵管在母猪发情期间和排卵前产生分泌物，可以帮助精子向输卵管方向移动，到达输卵管中上部，在那里等待卵子的到来，结合成受精卵。

（三）子宫

母猪的子宫由子宫体、子宫颈和两个子宫角组成。子宫是胚胎发育的地方。子宫颈是子宫的入口，长10～18cm。母猪发情或分娩期间子宫颈是开放的，其余时间是牢牢关闭的。子宫颈内表面结构为环形褶，在交配期间，公猪阴茎前端的螺旋体被固定在这些皱褶中。

（四）阴道及阴门

阴道是母猪的交配器官。母猪发情时，阴道内壁增厚，并有黏液流出，阴门充血红肿，是母猪发情的象征。

三、猪性成熟及性行为表现

（一）公猪的性成熟及性行为

公猪的性成熟早于体成熟，性成熟 5～8 个月龄，体成熟 9～12 个月龄。地方品种猪性成熟早于引进品种猪 2～3 个月。公猪的性成熟，就是幼猪生长发育到能产生成熟的精子时，称为性成熟。性成熟并不是到了配种年龄。在正常饲养管理条件下，地方品种猪配种年龄 6 月龄以上，引进外血品种猪 8 月龄以上。如昊过早配种，会降低种公猪的使用价值，缩短使用年限。种公猪的使用年限为 5～7 年。如果实行本交配种，使用年限将大大缩短。

公猪性成熟时的性行为表现有性冲动、求偶反应和交配动作等。公猪发现发情的母猪，立即发出一系列的求偶动作，包括用鼻子闻、嘴拱起、不断地咀嚼，嘴角起大量的泡沫，发出大量低沉短促的呼噜声、吼叫声，同时频频地排尿。充分表明了公猪的求偶行为和精神状态。从而达到公母猪协调配合，保证有效的交配目的和效果。

（二）母猪的性成熟及发情行为.

母猪到了一定年龄，生殖器官已发育完全，具备了繁殖能力，称为生成熟。此时母猪的身体生长发育尚未完成，不宜配种，否则会影响本身和胎儿的生长发育。母猪性成熟年龄与品种有关，本地品种 4 月龄，引进品种 6 月龄。适时配种年龄，本地品种 6 月以上，引进品种 8 月以上。俗话说，“母猪生儿到眼瞎”，母猪的繁殖年限长达 10～15 年，繁殖能力非常强。

但是，母猪的最佳繁殖年龄为 2 ~6 岁，这个阶段母猪产仔旺盛，产的仔猪强壮，生长发育良好，饲料报酬高，饲养成本低。因此，母猪繁殖到一定年龄时应及时淘汰更新。

母猪的发情行为表现：首先是精神状态的变化，兴奋不安，对周围环境刺激反应敏感，食欲减退，有的甚至拒食、鸣叫，主动接近公猪，见到公猪频频排尿，并以后躯朝向公猪，接受公猪爬跨、交配；其次是生殖道的变化，如母猪外阴部松弛、充血、肿胀，阴蒂充血且有勃起现象；阴道内充血、松弛，有黏液分泌，子宫颈口松弛，充血肿胀，同样有黏液分泌，发情盛期充血肿胀明显，开口最大。

第二节 种母猪的繁殖

一、发情

（一）初配年龄

1. 初情期

母猪第一次发情排卵时的月龄称为初情期。小母猪第一次发情因未达到体成熟，配种后通常不能受胎。影响母猪初情期的主要因素有两个：一是品种不同而各异，一般引进品种 6 ~8 月龄，地方品种 3 ~4 月龄；二是管理方式，如果一群母猪在初情期与一头性成熟的公猪接触，可提早初情期。此外，营养状况、舍饲、畜群大小和季节对初情期均有影响。

2. 性成熟与初配年龄

性成熟时间一般在初情期后的第三或第四个情期，即引进品种和二杂母猪 8 ~9 月龄，体重外 × 本二杂母猪 90kg、外种及外 × 外二杂母猪 110kg 开始配种，本地母猪 5 ~6 月龄、体重 50 ~ 60kg 开始配种。母猪达到体成熟配种，有利于提高受胎率和产仔数。

（二）发情征状

1. 发情

发情是母猪性成熟后周期性的活动现象。卵巢上卵泡在发育过程中产生雌激素，随雌激素水平升高，导致母猪的精神状态、行为举止和生殖器官发生变化，表现出性行为特征和性欲等性活动现象叫发情。

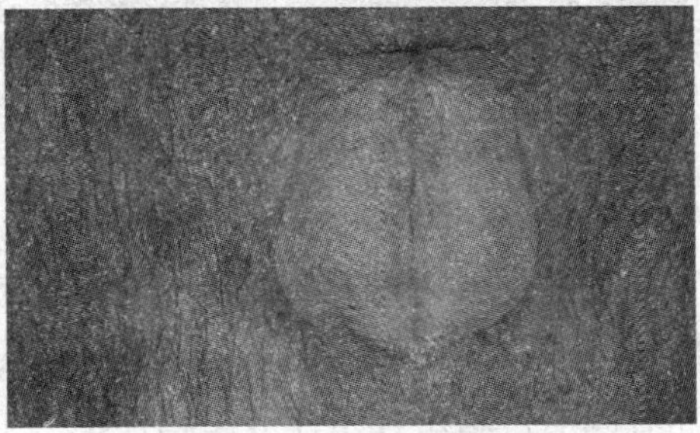

图 3 – 1　发情前期的阴户

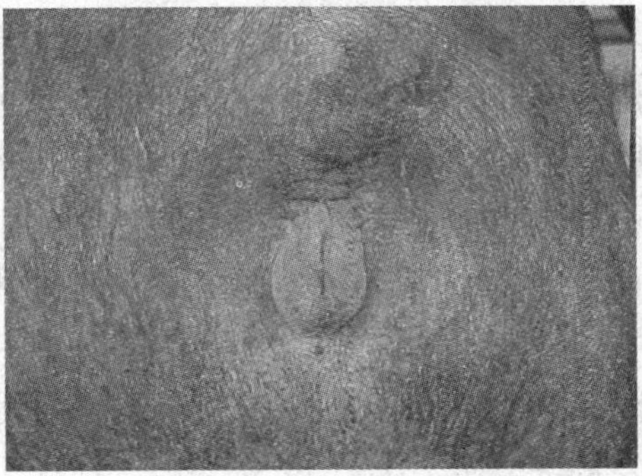

图 3 – 2　发情中期的阴户

2. 发情周期

母猪在正常情况下，这一次发情期开始到下一次发情期开始的间隔时间为18～23天，平均21天，叫作发情周期。母猪发情持续时间一般3～5天，国外引进猪种2～3天、地方猪种3～5天、初配母猪4～5天。母猪发情周期分为明显的四个阶段，即发情前期、发情期、发情后期和休情期。

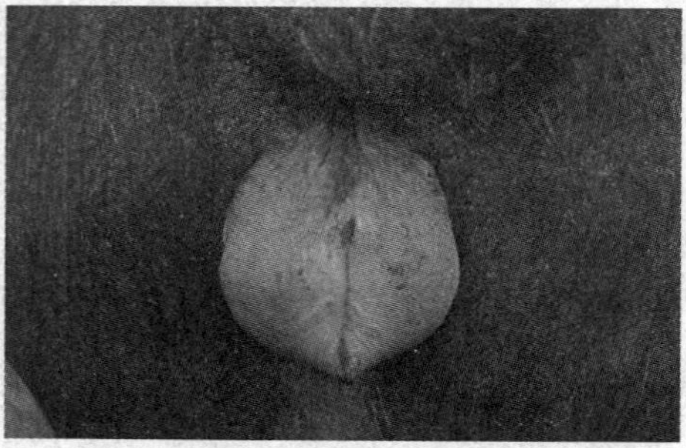

图3－3　配种时的阴户

（1）发情前期。阴户逐步变红肿胀，阴道流出透明水样的黏液，母猪变得越来越不安，减食，东张西望，早起晚睡，扒栏，同圈如有两头母猪出现争斗或爬跨现象，手压母猪腰荐部没有静立反应出现，喜欢接近公猪，但不接受爬跨。

（2）发情期。发情前期结束后，母猪接受性要求（交配）的时期。外阴肿胀开始收缩，阴门流出混浊浅黄色或淡白色的黏液，有瞪眼、竖耳、排尿、背部僵硬、发呆等现象出现。在没有公猪时，母猪受其他母猪爬跨；当有公猪时立刻站立不动，用双手按压母猪腰荐部，则静立不动。此期卵泡发育成熟并排卵，子宫颈松弛，接受交配，是配种的适宜时期。

（3）发情后期。母猪阴户肿胀逐渐消失，性欲减退，拒绝交配，恢复常态。

（4）休情期。母猪本次发情消失到下次发情出现这段时期。母猪在发情期中配种，如果未受胎，休情期持续一定时间后，又进入发情前期；如果已受胎，母猪不在发情，进入妊娠期。

引进品种母猪的发情大多没有本地母猪明显，一般不"闹圈、停食"，但阴户肿胀、阴门流出黏液明显，只要认真观察，容易发现发情母猪。

（三）发情鉴定

正确判断母猪发情，做到适时配种，是提高受胎率的关键。鉴定方法采用综合鉴定法。

1. 外部观察

发情母猪兴奋不安、竖耳、瞪眼、弓背、翘尾、频频排尿，减食，接受爬跨或爬跨其他母猪，外阴肿胀、阴门流出黏液。

2. 内部检查

当发现母猪有某些外部发情征兆时，进一步做阴道检查：分开阴门，用手电筒检查阴道内部变化，若发现阴道充血、湿润，有光泽的白色黏液流出，可定为发情。

3. 压背试验

用双手用力按压母猪后背，猪不走动，或饲养员、配种员骑在背上猪也不走动，可确诊母猪发情，应马上配种。

4. 试情

猪场或养猪大户可用一头唾液分泌旺盛的成年公猪上午、下午各半小时进行一次巡栏试情，公猪一旦发现有母猪发情就不愿走，发出呼噜、吼叫等求偶活动；而发情母猪向公猪靠拢、跨栏或保持一种站定姿势（静立反应），有的还发出吼叫，竖起耳朵，此时很难赶走母猪。

二、配种与方法

猪的配种方法分自然配种法和人工授精两种。

（一）自然配种

俗称“本交”。将发情母猪赶到配种栏与公猪合圈，必要的话，配种技术人员辅助公猪的阴茎插入母猪的阴道内。本交时公、母猪比例1∶(25～30）头。

1. 自然配种的分类

根据配种次数及所选配的公猪多少，分为单次配种、重复配和双重配三种。

（1）单次配种。是一头发情母猪在一个发情期内，用一头公猪配种一次。其优点是所使用的公猪数少，但受胎率和窝产仔数比重复配略低。小规模养猪较多采用这种配种方法。

（2）重复配。一头发情母猪在一个发情期内，用一头公猪配种后，间隔12～18小时用同一头公猪进行第二次配种。这种配种方法确保了在卵子最佳受精期内输卵管内有足够的获能精子数，其受胎率和窝产仔数能够得到保证。

（3）双重配。一头发情母猪在间隔15～20分钟的时间内，分别用两头种公猪与之交配。这种配种方法优点是增加了排出卵子选择不同遗传背景精子与之结合的机会。因此有助于提高卵子的受精率。缺点是对公猪的需要量增大。不适合用于种猪的生产，只能用于商品猪生产。

2. 自然配种的步骤

（1）将公母猪外生殖器及周围被毛清洁消毒，再把母猪赶到要进行交配的猪栏，如果无交配栏，交配地点设在母猪圈附近为好，再把公猪放入母猪身边。

（2）辅助配种人员，拿着一块小木板，随时准备阻止公母猪间的干扰，但不能催赶、打骂公猪，而要温和地引导公猪到母猪的后部，让其自然配种。

（3）当公猪跨上母猪后背时，拉住母猪的尾巴，设法让公猪进行交配。当阴茎要插入肛门或公猪激动及疲劳不能准确插入阴门时，用带有一次性手套的手去帮助公猪的插入。

（4）交配完毕之后，要让公猪在监督之下进行几分钟的“求偶”，但不要让其再爬上去。如果母猪配种后，处于呆滞，背腰拱起，应按压背部，使之平伸，以防精液倒流。

（5）把公猪赶回自己的猪栏里，检查公猪是否受伤。

（6）作好配种登记，准确记录配种日期和公、母猪耳号。此外，公猪是多次射精的家畜，一次交配时间达 15 ~ 20 分钟，射精时间累计约 6 分钟左右，体力消耗较大。如果配种量大应控制射精次数，把每次交配的射精次数控制在两次为宜。方法是公猪射精两次后，慢慢赶母猪向前走动，当公猪跟不上时就会从母猪背上滑下来。确定两次射精的方法是：射精时，公猪停止抽动，睾丸紧缩，肛门不停地波动；在射精间歇时间，公猪又重新抽动，睾丸松弛，肛门停止波动，据此可判断射精次数。这种方法对母猪受胎率和产仔数没有影响。

采用本交方式配种的公猪每周交配次数，建议 10 ~ 12 月龄段为 2 ~ 3 次、1 岁以上 4 ~ 6 次。

（二）人工授精

猪的人工授精是采用人工方法采集公猪的精液，经过精液品质检查和精液处理，再用器械将精液输送到母猪生殖道内使之受精的配种技术。人工授精公母猪比例可达 1:500 头以上。

1. 猪人工授精的意义

猪的人工授精是现代养猪业最具应用价值的配种管理技术，有利于控制疫病、减少母猪的繁殖障碍，减少公猪的饲养数量、提高良种公猪的利用效率、提高猪群质量。它能够充分利用公猪的优良性能和扩大公猪的使用范围，使优良的公猪产生更多的后代，不但可加快猪群的品种改良，而且可以减少疾病传入种群的风险，收效非常显著。

2. 猪的人工授精技术要领

（1）种公猪利用时间和采精频率

①利用：种公猪 10 ~12 月龄，体重 90kg 以上方能开始采精，防止过早配种影响生长发育。

②采精频率：可灵活掌握，以不影响精液品质为度，一般成年公猪间隔 1 ~2 天采精一次，幼龄公猪间隔 2 ~3 天采精一次。如公猪出现异常，应立即停止采精，查明原因。

（2）采精前的准备

①假母猪的制作：假母猪制作要牢固，富有真实感。用一条直径 20 ~25cm，长 110 ~120cm 的圆木，两端削成弧形，然后安装四条腿，固定好，在木头上面铺一层稻草，再覆盖一张硝制过的猪皮。体躯两侧可安装踏板，以便爬跨踏脚，假母猪前躯高 50cm 左右，后躯高 60cm 左右。假母猪应固定放置在同一点上，以便于公猪建立条件反射。

②公猪的调教：性欲较强的种公猪，稍经调教即可用假母猪采精，其调教方法如下。

方法一　用发情母猪的新鲜尿液、阴道分泌黏液或公猪精液，涂在假母猪后躯上，引诱公猪爬跨。

方法二　用已调教好的公猪爬跨假母猪，让被调教的公猪观看，刺激其性欲，引导其爬跨采精。

方法三　用洒有发情母猪尿液的麻袋盖在发情母猪身上，阴户露在外面，赶至假母猪房，让公猪爬跨，待公猪性欲达到高潮时，迅速把公猪赶走，再把盖母猪的麻袋揭起来盖在假母猪上，牵走母猪然后将公猪赶回，使公猪弄假成真，可获成功。

成功后，要连续采精数次，巩固条件反射。调教好的公猪再进行本交。

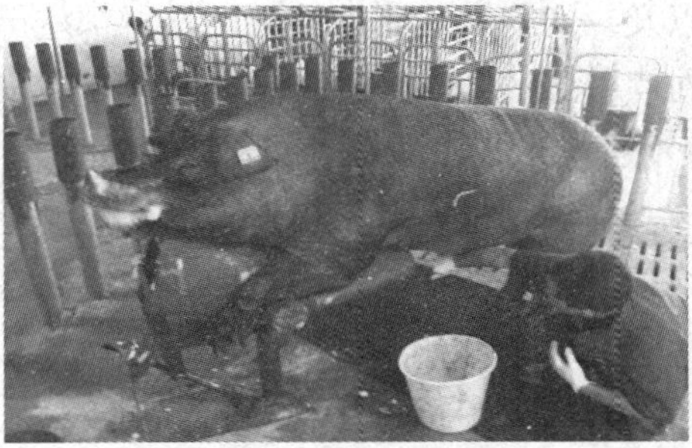

图 3－4　假母猪台图

图 3－5　调教青年公猪

③器械的洗涤和灭菌。器械的洗涤：先用肥皂水或洗衣粉去污后，再用清水漂洗干净后阴干。器械的灭菌：布类、玻璃器材、橡胶器材均可用蒸或煮消毒，但输精管必须用布一根根缠好，直放到灭菌器中，否则易弯曲影响使用。灭菌温度要求达 98℃以上。时间 20 分钟。酒精可用于玻璃器材或橡胶器材的临时消毒，但须待酒精充分挥发后方可使用。

（3）采精

①采精准备：保持采精场地清洁、平坦不滑，若为泥沙地面，采精前洒水润湿，防止尘土飞扬；要经常检查假母猪有无

铁钉等锐物露出，采精员手指甲要修剪光滑。采精员、种公猪、假母猪以及一切与精液直接接触的器材都应严格进行常规消毒处理。在假母猪的阴部及种公猪的阴茎、包皮、腹下等处用0.1%高锰酸钾榕液擦洗干净，采精员洗净手，用70%酒精棉球彻底消毒，等酒精挥发后用稀释液棉球擦净。用生理盐水或消毒后的稀释液冲洗消毒后的集精瓶，玻璃漏斗插入集精瓶中，把消毒后的过滤纱布用稀释液浸湿拧干，折叠3～4层，置于漏斗内作过滤精液用。

图3－6　采精

②采精宜在室内进行，室内应保持洁净。

③采精宜早晨空腹进行。例外情况也应在喂料1小时后，夏季中午炎热时间禁止采精。

④“手握式”采精。当公猪爬上假母猪后，采精员蹲于公猪左（右）侧，右（左）手持集精瓶和漏斗。当公猪爬上抽动几次伸出阴茎后，右（左）手虎口向前，手心向下，指头与手掌微张，让龟头钻入手心，顺手握住，待阴茎在手心充分挺实后，中指和无名指固定在阴茎前部螺旋沟内，注意松紧适度，不让滑脱。然后，用右（左）手拇指轻轻拨动龟头，其他手指一紧一松有节奏地协调动作，引起快感，促使射精。弃去公猪最初射出一两股混有尿液和大量精清的精液，待射出

较浓稠的乳白色精液时，立即将精液接入集精杯内，待公猪射精完毕退下假母猪时，采精员应顺势用右（左）手将阴茎送人包皮中，切忌粗暴推下或抽打。

⑤采得的精液应迅速送往精液处理室，经过滤后置于28~30℃的恒温水中及时检查处理。

（4）精液的品质检查

每次采出的精液应进行下列各项检查，并做好记录。

①射精量、色泽、气味：公猪的射精量，指过滤后未经稀释的原精量。正常精液为乳白色或淡白色，略带腥味。若混有血液、尿液或脓汁，则不能使用，应立即查明原因。

②精子活力：检查时用消毒后的玻璃棒粘取原精液一滴，置于清洁的载玻片上，盖上盖玻片，排尽空气，于150~600倍显微镜下检查。要求原精活力0.7级以上，稀释保存后可用于输精的最低活力0.5级以上。

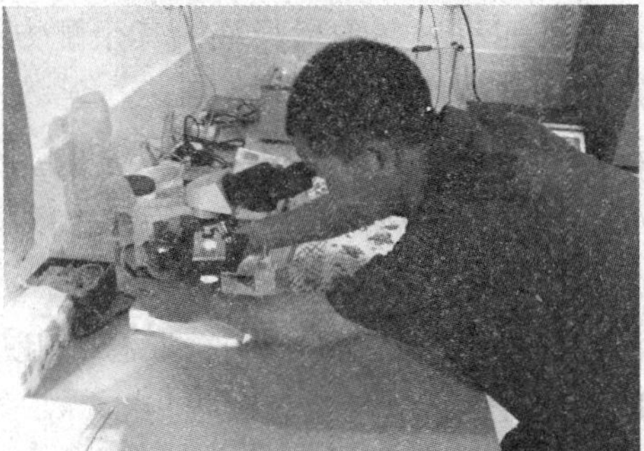

图3-7　精液检测

③精子密度：是指每毫升精液中含有的精子数，一般用血球计数法进行测定，要求原精密度1亿/毫升以上，也可采用目测法，按显微镜视野中精子的稠密程度，为密、中、稀三级。

密：精子密集，精子之间距离不到1个精子长度。

中：精子间有一定的空隙，能容1－2个精子。

稀：精子间的间隙很大，能容2个以上精子。

（5）精液的稀释、保存与运输

①精液的稀释：精液稀释液复合粉剂，是按科学配方精制而成，能为精子提供营养成分，缓冲电解质、重金属元素以及代谢产物等对精子的不利影响，在生产过程中进行了消毒处理，用复合薄膜包装。每袋能配成500mL稀释液。常用的精液稀释液配方如下所述。

A. 葡萄糖——乙二胺四乙酸二钠稀释液：葡萄糖5g，枸橼酸钠0.3g，乙二胺四乙酸二钠0.1g，蒸馏水100mL；B. 葡萄糖稀释液：葡萄糖6g，蒸馏水100mL；C. 葡萄糖——氯化钠稀释液：葡萄糖3g，氯化钠0.45g，蒸馏水100mL。

上述稀释液配方，精液稀释液复合粉剂效果最好，其次是葡萄糖——乙二胺四乙酸二钠稀释液，其余配方供参考使用。稀释液要求新鲜，宜随用随配。

精液的稀释：精液稀释过程中，凡与精液直接接触的器材和容器，都必须预先经过消毒处理。使用前，用少量稀释液冲洗1~2遍。

稀释时，把稀释液的温度调到与精液温度相近，再把稀释液沿着精液瓶壁缓缓倒入，然后轻轻摇匀。

稀释的倍数应根据原精液的密度决定，一般以稀释1~2倍为宜，每10mL含有效精子数3.5亿。

②精液分装、贮存和运输

分装：稀释后的清液，使用40mL或80mL无毒塑料瓶分装。火焰封口保存备用。

分装后精液瓶应分批放置，贴上标签，标明公猪耳号、品种、采精时间、密度、活力、稀释倍数等。

贮存：精液应放在阴暗避光处，保存温度 15℃ ~20℃，昼夜温度不超过 1℃为宜。

精液运输：供精站统一分送时可用广口保温瓶、盒；农户自取精液，应视气温和季节而异。冬季可直接放入内衣口袋中；春秋二季放在外衣口袋中；夏季可用瓜果打洞或菜叶，冷水毛巾包裹，务必做到温度不低于 10℃，不高于 25℃。运输途中防止激烈振动。

（6）输精

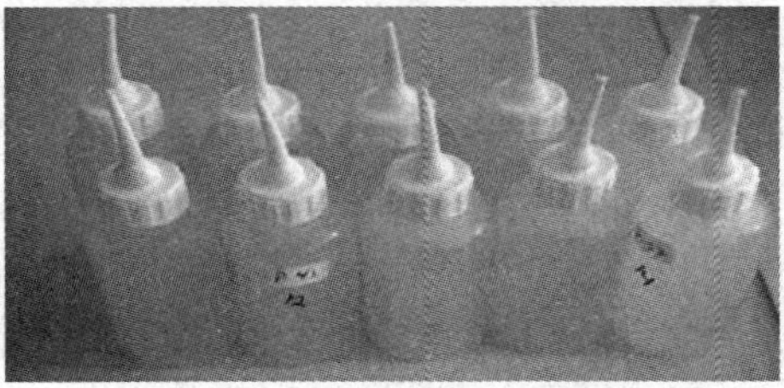

图 3－8　一次性海绵头输精管

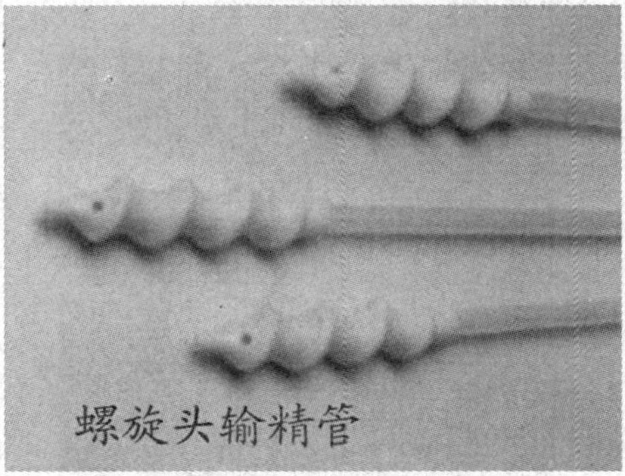

图 3－9　螺旋头输精管

①输精时机：输精时机应根据母猪发情症状、阴道黏膜检查、询问畜主的情况来进行综合判定。一般母猪发情后 36 ~

48 小时；用手按压腰臀部，两耳竖立或煽动、静立；阴户红肿开始减退、阴道黏液浓稠时，即是输精适宜时机。

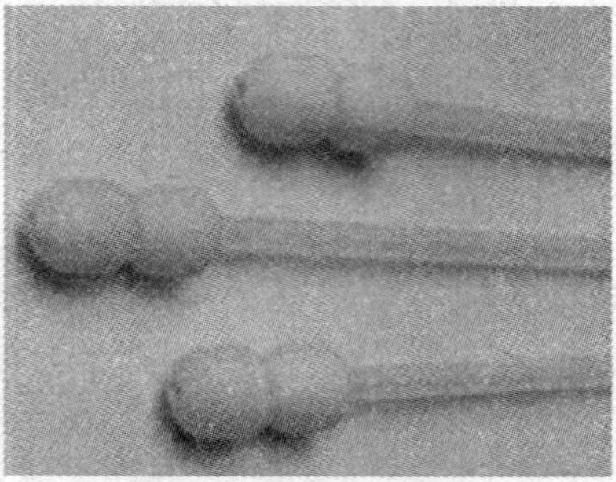

图 3－10　输精瓶

②输精准备：用 0.1% 高锰酸钾溶液将母猪外阴洗净。输精员洗净手，用小剪刀剪开塑料容精瓶口，把消毒后的输精管和塑料容精瓶连接好，在输精管前端涂上稀释液或液状石蜡，便可输精。（输精器材见图 3－8、3－9、3－10）

经过保存的精液，使用前应检查其活力，活力低于 0.5 级的不能用于输精，冬季输精前，要先将精液放在怀里或温水中预热。

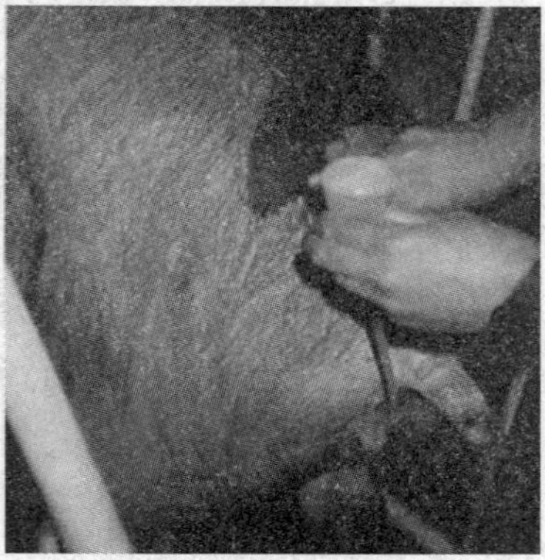

图 3－11　输精管插入阴道

③输精方法：畜主用一手按压臀部，另一手拉住尾巴，使母猪自然静立；输精员将输精管向阴道前上方慢慢插入，前进约30cm，感到插不进时，即可手捏塑料容精瓶，把精液缓缓注入。发现精液外流时，应暂停一下，前后抽动或扭转一下输精管后再输。输精后，精液逆流，可按压母猪腰部，以减少精液的流出，逆流者应立即补配。

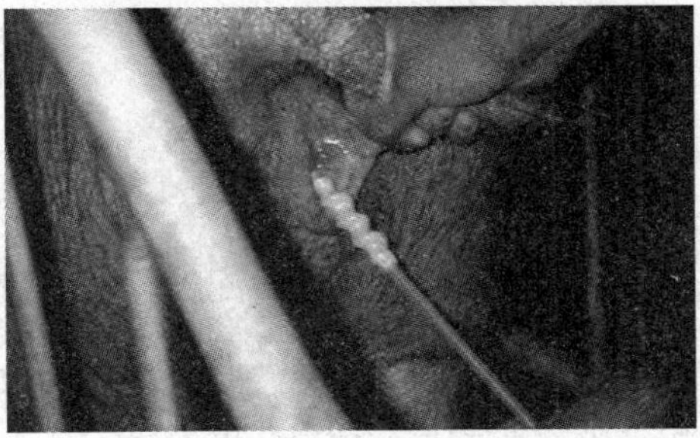

图3－12　输精

④输精次数：一个情期应输精二次，两次间隔8～12小时，每次输40mL以上精液。

（7）记录

种公猪采精记录表、种母猪配种记录表，领取精液登记表，均要实事求是的逐项填写，并妥善保存，分析利用。

影响人工授精技术的因素主要有：猪场的管理状况、公猪精液的质量、操作者技术熟练程度、母猪发情诊断和适时配种的准确性、环境条件和实验室设备等。有研究指出，用两头或多头公猪的不同精液混合进行人工授精，可提高受胎率和产仔数。母猪输精后21天进行返情检查，30天进行空怀检查，以保证没有配上的母猪及时返回配种群。

（三）配种次数

1. 一次配种

在母猪发情期内最适宜的配种时间，输精一次。

2. 两次配种

在母猪发情期内输精两次，第一次配种后，间隔 12 小时左右再配一次。即上午配 1 次，下午再配 1 次；或下午配 1 次，第二天早上再配一次。两次配种的受胎率和产仔数的都高于一次配种，在生产中被广泛采用。

三、受精和妊娠

（一）受精

一个精子与一个卵子结合形成一个合子，叫受精。不论是本交还是人工授精，都必须做到适时配种，才能确保最大数目的卵子受精。配种过早，卵子排出之前精子已无受精能力；相反，配种过晚，卵子将老化，造成多精子进入卵子，结合将失败。在生产中准确识别某头母猪发情排卵是困难的，如果第一次配得太早，第二次配种应延迟 12 ~ 18 小时。

（二）妊娠

从受精到胎儿出生这个过程叫妊娠，全程 111 ~ 117 天，平均 114 天。妊娠可分为三个阶段：附植前、胚期和胎期。

1. 附植前

妊娠从第 1 天到 18 天，受精卵移到子宫角植于某个位置。这个时期是母猪受胎和产仔数高低的关键时期，猪胚胎死亡损失相当高，其中大部分损失发生于附植前这一阶法段。要求在母猪饲养管理上保持平稳，不能提高饲养水平，以免产生过多体热，降低受精卵成活数；同时，圈舍环境保持相对安静，友好对待母猪，防止高温和母猪间争斗对附植的不良影响。

2. 胚期

妊娠从第 19 ~ 35 天，此期特点是器官、骨髓初步形成，胎衣形成。大多数先天性畸形，因发育受阻而形成。

3. 胎期

妊娠从第 36 天开始到大约 114 天出生，其特点是性别形成，各组织器官进一步生长发育成胎儿。这个时期如果胎儿死亡，一般形成木乃伊。妊娠到 90 天后胎儿生长发育和增重特别迅速，母猪增重也很快，应增加日粮的喂量，做好保胎工作。

（三）妊娠检查

1. 直接观察法

母猪配种后 18～24 天未发现发情，到 6 周后再观察仍不见发情，说明已经怀孕。母猪表现食欲增加上膘快，阴户缩成一条线，性情温和，腹围逐渐变大，70 天后用手按、摸母猪腹部会有胎动，80 天后母猪侧卧时能看见母猪腹壁的胎动。

2. 超声波诊断法

母猪配种后 19～30 天进行。据统计，用超声波测孕仪（B超）对配种后 26～50 天的母猪怀孕检查，有效率高达93%。

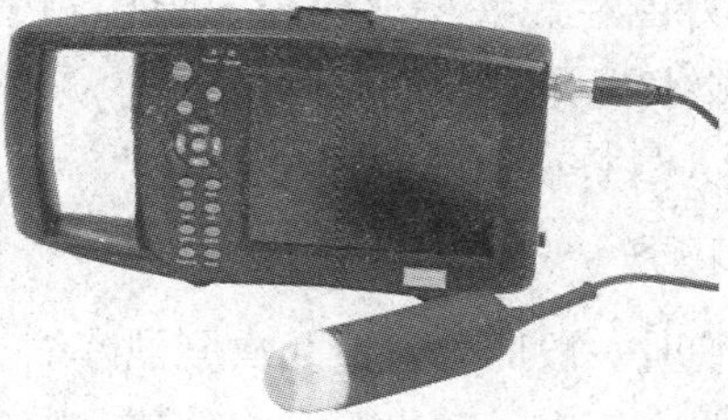

图 3－13　B 超

四、分娩

（一）产前征状

母猪在分娩前 15 天左右，乳房由后向前逐渐增大，乳房基部与腹部呈限明显界限。产前3~5天阴户开始红肿，2~3天乳头可挤出乳汁，母猪含草絮窝，如果母猪出现突然停食、时起时卧、频频排粪排尿等现象，说明当天即将产仔。

（二）接产准备

当母猪有以下分娩症状时要做好接产准备：频频排尿，阴户流出液体且松弛，不安，排出的粪便松散，乳房可挤出乳汁。

1. 产前1周进行清洁消毒猪栏、过道、食槽。要彻底消除粪便及污物，然后用水清洗，晾干后用消毒液消毒，也可用火焰消毒器火焰灭菌消毒。如果圈舍潮湿可撒布生石灰使产房干燥和消毒，墙壁用20%石灰乳粉刷消毒。母猪用温水洗腹部、乳房及阴门附近，再用0.1%高锰酸钾药液等消毒。做好消毒，对防止母猪产后感染和仔猪下病是十分重要的。

2. 准备好接产物品，包括产仔记录表、照明灯、保温灯泡、擦布、耳号钳、肥皂、水盆、消毒药、抗生素等用具及药品。

3. 维修好圈栏、墙壁、门窗、保温箱，堵塞出粪口，对母猪进行健康状况检查，细心照料。

4. 安排人员昼夜值班，随时接产。

（三）接产

母猪分娩时一般侧卧，经几次剧烈阵缩和努责后，胎衣破裂，血水、羊水流出，产出第一头仔猪。随后每隔5~25分钟产出一头仔猪，整个分娩过程为2~4小时。当仔猪全部产出后，30~120分钟胎盘脱出，分娩结束。

接产的技术步骤如下所述。

1. 接产人员剪去指甲并磨平，洗净手臂，用消毒液消毒，或带上干净的塑料手套。

2. 仔猪产出后，迅速用柔软的毛巾或布将其鼻、嘴和全身的黏液擦干净，以减少体表水分蒸发散热。

3. 把仔猪躺卧，将脐带内血液反复向腹部方向挤压，然后距腹壁 3 ~4cm 处掐断脐带（一般不用刀剪以免流血过多），用5%碘酊消毒。若断脐后血流不止，用手捏住断端，直至不出血，再涂碘酊。

4. 剪去乳牙和断尾，分别用碘酊消毒，然后称重，登记，将仔猪放入保温箱。

5. 仔猪全部产出后，迅速清洁产房和母体污物。

6. 假死仔猪急救：有的仔猪产出时不能呼吸，心脏仍在跳动，称为“假死”。若立即进行急救一般都能救活。急救方法如下。（1）人工呼吸：将仔猪四肢向上，一手托肩部，一手托臀部，两手一伸一屈反复进行，同时有节奏地轻轻按压仔猪胸部，使呼吸恢复；或者手提仔猪后肢，头向下，促使鼻腔中黏液流出同时用手连续轻拍胸部，帮助恢复呼吸；或对准仔猪鼻孔猛力吹气，使仔猪恢复呼吸。（2）药物刺激：用酒精、碘酒、氨水等刺激性强的于鼻端涂擦，刺激鼻黏膜恢复。（3）冻僵仔猪：将仔猪身体放入 40℃左右的温水中，头露在水外面，用手从头到尾轻轻按摩仔猪，使其恢复知觉。

7. 上述处理完成后，送仔猪吃奶，越快越好。吃奶前母猪奶头应用0.1%高锰酸钾温水擦洗消毒，然后将体重轻的仔猪放在母猪前面的乳头吃奶，固定好全窝仔猪乳头。

8. 仔猪全部产出 2 小时后，胎衣还未排除应注射催产素，促使胎衣全部排除。确认胎衣全部排除是检查胎衣上的脐带头的数目是否与仔猪数目相等，相等说明全部排除，否则胎衣未排完。胎衣排完后，应把胎衣、死仔猪全部拿走，不能让母猪吃掉，以免养成吃仔猪的恶癖。

9. 难产处理：母猪破水半小时后或上一头产下后下一头间隔30分钟以上仍不见产仔，反复阵痛，呼吸心跳加快，但产不出仔猪，即为难产。难产在生产中较为常见，主要原因有母猪骨盆发育不全、产道狭窄、子宫弛缓、胎位异常、胎儿过大、死胎等导致分娩时间过长，如不及时处理仔猪可能窒息死亡。

（1）注射催产素：100kg体重猪只肌肉注射2mL催产素，20～30分钟可产出仔猪。

（2）助产手术：助者应剪去指甲磨平，用肥皂水洗净双手，再用消毒药液消毒手及手臂，涂上润滑剂；同时将母猪阴户洗净消毒，再给母猪注射一次青链霉素，手术完成后还应在阴道内壁抹入抗生素、抗菌消炎。

常用“推、拉、掏、注、剖”五字助产技术。推：接产人员用双手按住母猪的后腹部，随母猪努责时向臀部方向用力推，但不可硬压；拉：看见仔猪的头或腿时出时进时，用手抓住头或腿把仔猪拉出来；掏：母猪用力努责，仔猪长时间仍生不下来，术者将手并成锥形，掌心向下，趁母猪努责间歇时，慢慢进入产道，抓住仔猪后，待母猪努责时，把仔猪拉出。如果有两头仔猪同时挤在一起，先往腹部送回一头，抓住另一头随努责拉出，当掏出一头仔猪后，转为正产时就不要掏了；注：肌肉注射催产素3～5mL，20～30分钟见效；剖：上述方法采取后仔猪仍不下来，就应请兽医做剖腹产。

（四）诱发分娩

由于70%的母猪在夜间分娩，即使有专人值班接产，也有一定难度，可以采取人工诱发分娩技术，将母猪分娩时间控制在白天进行。方法是：在预产期前2天（怀孕至113天，不能提前）肌肉注射氯前列烯醇0.15～0.2mg，一般上午9点注射，第二天下午 4 点以前完成分娩。如果注射后 24 小时仍未分娩，可给母猪注射催产素，加强分娩控制的力度。

五、哺乳

母猪分娩后 2～3 天泌乳是连续的，母猪通过一系列柔和的叫声将仔猪吸引到乳房处，开始每一次哺乳。可是，到第 4 天开始，则是仔猪通过用鼻子拱揉母猪乳房或在母猪头部周围发出声音促使每一次放乳。当乳房被仔猪有力拱按时，母猪快速哼叫几分钟，开始排乳。每次放乳的持续时间很短，一般 10～20 秒，多的几十秒，仔猪吃奶大约 1 分钟就结束了。

图 3－14　哺乳

同窝仔猪间的乳头顺序在头一天内就基本排定了。争夺乳头最激烈的时间是在分娩后哺乳 4 个小时内，以后争斗快速下降。根据以上特点，应尽量在产后 2～3 天固定好仔猪奶头，避免争斗造成弱小仔猪吃不上奶。

第三节　猪的繁殖障碍

猪的繁殖障碍是养猪生产中最难解决和直接影响养猪效率的难题。根据繁殖障碍的性质通常分为三类。

一、永久性的不育

是指猪永久性地、完全地丧失了生殖能力。一般造成的原因是由于遗传因素如染色体的畸变，而导致生殖道畸形或不全，后天的疾病，长期的营养严重缺乏症，都是造成生殖器官受损的因素。

（一）卵巢紊乱、囊肿、持久黄体及短周期发情

卵巢的失调而引起母猪的不孕，最常见的是持久黄体，还有卵巢单侧或双侧的卵泡及黄体囊肿，使母猪的发情受到干扰。

（二）公猪的不育

公猪在猪群中的数量虽少，但影响较大，特别是集约化饲养条件下，更应重视此问题。

1. 阴茎的缺陷

如阴茎偏向一侧，或射精的开口位置不正，这些公猪虽可以表现为正常的性行为，但往往因有关肌肉在插入时扭曲或由于阴茎位置不正不能插入，或插入后不能拔出，因此不能正常射精，因而出现不育或低繁殖率的现象。有这样缺陷的公猪一般应淘汰。另一类情况是由于交配时阴茎受损而导致不育或繁殖力下降，如母猪交配时跌倒或扭转，但不多见。

2. 隐睾

是指睾丸未降至阴囊，致使睾丸在体内高温下受损，细精管上皮受到破坏，造成无精症。这种损伤不可逆，隐睾有时是单侧也可是双侧。双侧隐睾尽管公猪也表现性欲及完整的性行为链，但无精子产生。单侧隐睾虽可育但精液产量明显少，往往造成繁殖力较低。公猪隐睾如果外观不能确定可通过触摸进行检查。一般公猪隐睾发生率高于其他家畜，且多数为双侧，

故应引起注意，这样的公猪一旦发现应立刻淘汰。寒冷季节公猪会提高睾丸位置，检查时应格外注意。

（三）间性

阴阳猪在学术上又称“猪的间性”，是一类遗传病，在养猪中较常见，是猪不育的重要来源之一。间性猪卵巢和睾丸可能是单侧，有的甚至可以发情排卵，还可以产生后代，但窝产仔很少。间性母猪可能有较小的阴道，突出的阴蒂，较大的包皮鞘，其发生率一般在1%～2%，有些有明显獠牙，这样的猪应淘汰。

二、暂时性的不育和低繁殖力

（一）暂时不育

暂时性的不育可分为生理性的和非生理性的不育。

1. 生理性的暂时不育

如泌乳乏情、季节乏情等，随着泌乳的中止及繁殖季节的到来，动物又可以重新发情，如母猪断奶后约1周又可重新发情，这是动物自我保护的天性。

2. 非生理性的暂时不育

如过冷或过热，营养不良或缺乏，疾病如子宫内膜炎，强烈的应激等因素造成的不育都属于这类不育，如果限制条件得到改善或治疗，动物又可以恢复。但如果限制条件不能得到很快的改善，有些暂时性的不育也会变为永久性的。例如：某些营养缺乏症对成熟公猪来说是暂时的，但对青年公猪往往会造成永久性的不育。

（二）低繁殖力

其造成的许多原因与暂时性不育相似，但损伤程度要轻些。

1. 热应激

尽管公母猪对热有一定的耐受能力，但高温往往引起公母猪的体温上升，使肾上腺皮质激素分泌增加，从而抑制了促性腺激素的分泌。此外对公猪来说由于高温还会造成细精管上皮受损，特别是当温度达 29℃ 以上时往往造成精液量和质量明显下降，精子总浓度下降，头部异常精子增加。而当热应激解除之后，消除这些影响往往需要 3 ~ 4 周的时间，这也是夏季猪群受胎率较低的一个原因。热应激对母猪也有影响，特别是妊娠 40 天内的母猪影响更大，往往造成胚胎死亡率上升，妊娠率下降。

2. 公猪的交配频率也是影响公猪繁殖力的一个因素

交配频率对初情期刚过的公猪可每周 2 ~ 3 次，而成年公猪以每周 4 ~ 6 次为宜。由于公猪间产生个体差异，公猪的使用应与精液的监测结合起来，一般发现畸形精子或未成熟精子数量增加，应立刻停止采精。

3. 母猪过分拥挤，也会产生应激，抑制繁殖力，特别是妊娠早期的母猪会因拥挤而出现流产。另外，若母猪处于早期妊娠与公猪接触也易出现胚胎死亡。

4. 营养水平也是影响繁殖力的重要因素

如公猪对铜、锌、锰、硒和铁等矿物质缺乏十分敏感，而且维生素 A 及维生素 E 对维持公猪繁殖力也有重要作用。对于母猪来说有时改变日粮也会造成刺激，抑制卵泡发育、发情行为以及卵巢的活性。因此，在给予猪只饲料时，应该考虑它的生理状态及营养的需要，提供无论质和量都满足的饲料配方，以保证猪群具有较高的繁殖力。

一般认为母猪从初情期后 4～5 胎随年龄增加窝产仔数也增加，此后逐渐下降。有时母猪随年龄的增长，排卵数继续增加，由于老龄母猪排出的卵有些活力较弱，或者老龄母猪子宫不适宜胚胎存活，使产活仔数下降，这样的母猪应淘汰，以保证繁殖群母猪处在旺盛的繁殖期内。

第四章　猪的营养需要与饲料利用

第一节　猪的营养需要

猪的生存、生长和繁殖等机体多种代谢功能都离不开营养物质。猪所需营养物质可以分为六大类：蛋白质、碳水化合物、脂肪、维生素、矿物质和水。

一、蛋白质

蛋白质是猪生命活动中极为重要也是比较容易缺乏的营养物质。猪的肌肉、毛皮、血液，以及体内的激素和酶等都是以蛋白质为主要原料组成的。饲料中的蛋白质，进入消化道后需经多种酶的作用分解为氨基酸和多肽后经血液循环被吸收利用。现已知的氨基酸有 22 种，其中一部分不能在机体内合成或合成数量很少，不能满足猪的需要，需要从饲料中摄取，这类氨基酸叫必需氨基酸。猪日粮中蛋白质不足时会影响猪的生长发育，降低繁殖率和免疫力。主要症状表现为食欲不振、采食量下降、厌食。另外，还表现为生长受阻、体重下降、母猪发情异常、胎儿发育不良、死胎、仔猪弱小和泌乳量下降等。饲料中蛋白质过多同样会造成不利影响，不仅增加饲料成本，造成不必要的浪费，长期饲喂还会引起代谢紊乱和蛋白质中毒，因此应根据猪的不同发育阶段及生理状态合理供给蛋白质水平。

二、碳水化合物

碳水化合物是猪主要的能量来源。饲料中的碳水化合物在体内经过生理氧化作用，分解成二氧化碳和水，同时产生热量，为猪的呼吸、运动、循环、消化、吸收等各种生命活动提供能源。多余的碳水化合物还会转化成脂肪贮存在体内，形成皮下、内脏周围等处的脂肪组织。碳水化合物是植物性饲料干物质的主要成分，包括无氮浸出物和粗纤维，无氮浸出物主要由糖和淀粉组成，若日粮中糖分过多，会使育肥猪体内脂肪积蓄过多而长得过肥，从而降低胴体质量；可引起母猪不孕或胚胎发育不良等繁殖障碍。粗纤维可以增强胃肠蠕动，促进消化，防止腹泻和便秘，但过高的粗纤维会降低饲料的消化率，有研究表明：饲料中粗纤维含量每增加 1%，能量消化率降低 2.17%，粗蛋白质消化率降低 1.47%。因此猪饲料中粗纤维的适宜含量应该充分考虑猪的品种、生长阶段等因素。比较适宜的粗纤维含量为：公猪不超过 7%，空怀母猪和妊娠母猪不超过 12%，哺乳母猪不超过 7%，肥猪 20 ~ 50kg 阶段不超过 5%，50 ~ 100kg 阶段不超过 8%。日粮能量浓度对猪生产性能的影响见表 4 – 1。

表 4 – 1　日粮能量浓度对猪生产性能的影响

消化能浓度（MJ/kg）	日采食量（kg）	日采食可消化能（MJ）	日增重（g）
11.0	2.50	27.50	860
12.3	2.40	29.52	900
13.7	2.35	32.20	949
15.0	2.24	33.60	944

三、脂肪

脂肪的主要作用与碳水化合物一样，也是提供能量，脂肪的产热效率是同量碳水化合物的2.25倍。脂肪是机体组织细胞的重要组成部分，还是亚油酸、亚麻油酸和花生油酸等猪生长发育所必需脂肪酸来源，是脂溶性维生素和激素的溶剂，能促进脂溶性维生素A、D、E、K的吸收利用。猪日粮中脂肪含量低于0.6%时，会出现脂肪缺乏症，从而导致生长不良、发育迟缓、脱毛等症状，此时加入1.5%的植物性脂肪或动物性脂肪，可迅速使猪恢复生长发育。但日粮中脂肪含量过高，如幼猪料中含量超过6%时，则容易引起消化不良和腹泻。正常情况下1%~1.5%的脂肪含量可满足需要。

四、维生素

维生素是维持猪的生命活动、健康与生产不可缺少的低分子有机化合物，它是酶的重要组成成分，参与各种物质的代谢，调节体内各种生理机能的正常进行。有脂溶性维生素，包括维生素A、D、E、K；水溶性维生素，包括生物素、胆碱、叶酸、烟酸、泛酸、核黄素、硫胺素、维生素B_6、维生素B_{12}和维生素C。如果猪缺乏维生素时，会引起猪的代谢紊乱、生长停滞、抗病力下降、母猪不孕或者流产等症状。例如，幼猪缺乏维生素A时会出现神经功能性退化以及过度兴奋症状，发生痉挛和抽搐。维生素D缺乏会使猪骨骼发育不良，发生佝偻病，而维生素E的缺乏会严重影响猪的繁殖能力，造成流产、死胎等。

五、矿物质

猪需要的各种矿物质按其在体内含量的不同，可分为常量元素和微量元素两大类。其中常量元素在猪体内含量较多，占体重的0.01%以上，其中包括氯、钾、钠、钙、磷、镁、硫。微量元素在猪体内含量较少，占体重的0.01%以下，其中包括铜、铁、锌、锰、碘、硒。

钠和氯：日粮中加盐是为了提供钠和氯。过量的盐有毒，尤其当供水不足时或溶解盐的浓度过高时，毒性更大。饲料中含盐量不应超过2.5%。

钙与磷：配制日粮时应注意：一是钙磷的需要量；二是所用饲料中这两种元素的生物学利用率；三是钙磷的比例。钙磷的最适宜的比例为（1.0~1.5）∶1。

铜：饲料中铜超过250g/t，饲喂几个月会引起中毒。当饲喂100~200mg/kg的铜，能促进猪的生长。

铁：现已证明，母乳的低铁含量可有效地防止微生物繁殖和肠道病发生。哺乳仔猪补铁是必需的，首选的补铁法是给初生3天内的仔猪注射100~200mg的葡聚糖苷铁（生血素）。

锌：在断奶猪日粮中添加高水平氧化锌（锌量达3g/kg）能预防仔猪下痢。需要注意的是日粮中过量的钙会引起锌的缺乏。

锰：饲料锰的需要量非常低，生长肥育猪为4g/t，种猪为40mg/kg。

碘：碘化钾和碘酸钙是饲料中有效的补充形态，饲料中补充0.14mg/kg的碘即可满足猪的需要。

硒：日粮中的含硒量主要取决于种植谷物饲料的土壤。用来自缺硒地区的饲料配制的日粮应补充硒。猪日粮中添加0.3mg/kg硒可满足机体需要。

六、水

水是重要的营养成分。相对其他养分，水的来源充足，实践中易忽视水的营养。缺水比其他养分不足对猪的影响和危害更大。猪所需要的水来自饮水、饲料水及体内代谢水。饮水是最主要的来源，一般占所需水量的85%～95%。饲料水因饲料不同差异极大。体内养分在代谢过程中所产生的水占总需要量的5%～10%，是严重缺水情况下的主要来源。养猪生产中，若是喂生干料、生拌料，应同时喂给清洁的饮水，如大量喂青绿多汁饲料，可不额外补充水。一般说来，按饲料干物质计算，每喂给1kg干物质，应供给不少于2L的水。夏季应多些，冬季则少些。

第二节 饲料

一、饲料的分类

饲料一般是指畜禽喜食，并能供给它们生长、生产、生殖等所需的营养而不发生毒害作用的物质。猪的生长繁殖所需要的营养物质主要来自饲料。目前国际上通常根据饲料的营养性质将其分成8大类，即粗饲料、青饲料、青贮饲料、能量饲料、蛋白质补充料、矿物质饲料、维生素饲料和添加剂饲料。

（一）能量饲料

干物质中粗纤维含量低于18%、粗蛋白质含量低于20%、每千克饲料干物质含消化能在10.46MJ以上。谷实类、糠麸类、淀粉质块根和块茎、瓜果类都属于能量饲料。

1. 玉米

玉米有饲料之王的美称。一般占配合饲料的40%～70%，在饲料中起着提供能量的作用。但玉米中蛋白质品质低，缺乏赖氨酸、蛋氨酸和色氨酸，应配合使用优质蛋白质饲料以补充必需氨基酸的不足。此外，若玉米水分含量在14%以上，在贮藏过程中温度超过 20℃ 以上时，极易发生霉变，特别是黄曲霉菌产生的黄曲霉毒素 B_1，是一种强烈的有毒致癌物，对人、畜都有很大威胁。玉米粉碎后，若存放时间过长容易发苦，影响适口性。

图 4－1　玉米

2. 小麦

有效能值仅次于玉米，粗蛋白质含量高于玉米，各种限制性氨基酸也高于玉米。在玉米价格较高时，小麦可作为猪的主要能量饲料，一般可占 30% 左右，但由于小麦中 β－葡聚糖和戊聚糖含量高，不易消化，因此日粮中要添加相应的酶制剂来提高饲料转化率。用小麦作猪饲料的能量原料时，还应注意小麦赤霉菌的含量。

3. 小麦麸

小麦麸俗称麸皮，是小麦粒制粉后的副产品。常规小麦麸及低纤维小麦麸中赖氨酸等必需氨基酸含量均较高，含有较丰富的铁、锌、锰。小麦麸中还含有丰富的维生素 E、烟酸和胆碱。小麦麸有轻泻作用，产后母猪给予适量的麸皮粥，可以调理消化道的机能。由于小麦麸吸水性强，如干饲大量的麸皮可引起便秘。

4. 米糠和米糠饼

米糠是糙米加工精米时分离出来的种皮、糊粉层和胚的混合物，其营养价值视精白程度而异。加工的精白米越白，则胚乳中的物质进入米糠的成分越多，米糠的能量价值越高。米糠中含粗蛋白质约13%，粗脂肪约14%。米糠经榨油后的副产品称为米糠饼。经过烘炒、蒸煮、预压等工艺，米糠饼的适口性和消化性都被改善，除了减少部分脂肪及维生素外，其他营养成分基本保留。米糠在饲料中用量不宜过多，一般不超过10%，尤其是仔猪和妊娠母猪，育肥猪喂量过多能使脂肪变软。

（二）蛋白质饲料

饲料干物质中粗蛋白质含量在20%以上，粗纤维含量低于18%的豆类、饼粕类、动物性饲料及部分糟渣，均属于蛋白质饲料。

1. 豆饼（粕）

豆饼（粕）是以大豆为原料，提取或榨取食用油脂后的副产品。是我国使用最多、使用范围最广泛的植物性蛋白质饲料。豆饼（粕）中粗蛋白质含量高，一般在40%～48%，赖氨酸、色氨酸含量较多，品质优良，但蛋氨酸含量低，故玉米－豆粕基础日粮中都需要添加蛋氨酸。大豆中的有毒有害物质，因加工条件差异而不同程度地存在于豆饼（粕）中，从而降低蛋白质及其他营养物质的消化吸收率，易引起猪腹泻，尤其是仔猪。不同加热程度对大豆饼蛋白质的影响见表4－2。

表4－2　不同加热程度对大豆饼蛋白质的影响

项目	蛋白质相对效率（%）	脲酶活性
生大豆	30	1.90
未加热大豆饼	36	1.80
加热不足的大豆饼	70	0.75
加热适当的大豆饼	89	0.20
加热过度的大豆饼	81	0.00

2. 棉籽饼（粕）

棉籽饼（粕）是棉籽榨油后的副产品。去壳的棉籽中含40%左右的粗蛋白质和较丰富的磷、铁、锌，是当前农村发展养猪业中蛋白质饲料的重要来源之一。但是棉籽饼（粕）中含有0.04%～0.08%的游离棉酚，是一种有毒物质。棉酚中毒是积累性中毒，每头猪每天随饲料食入150mg的棉酚，在28天左右就可引起死亡。因此生产中饲喂时，注意不要添加过多，一般母猪日粮中只能替代50%的豆粕。我国国家标准中有关饲料卫生标准规定：在肉猪配合饲料中，游离棉酚的含量不得超过60mg/kg。

3. 菜籽饼（粕）

菜籽饼（粕）一般粗蛋白质含量30%以上；粕中的粗蛋白质含量约比饼含量高出2%～3%。菜籽饼（粕）中赖氨酸含量介于豆饼与棉籽饼之间，色氨酸含量较低，但含硫氨基酸却比豆饼、棉籽饼都高。菜籽饼（粕）中含芥子甙，芥子甙有毒，此外，还含有一定量的单宁。因此，菜籽饼（粕）在猪饲料中的用量一般限制在10%以下。不同品种的菜籽含毒量也有差异，目前尚未找到好的脱毒方法，根本途径应从普及应用无毒或低毒菜籽品种着手。"双低"菜籽饼（粕）的营养价值较高，可替代豆粕，降低饲料成本。

4. 花生饼（粕）

花生饼（粕）蛋白质含量在45%～55%，氨基酸含量比较平衡，利用率较高，还含有丰富的微量元素铁。花生收获后往往因翻晒和贮存不当而发霉变质，产生黄曲霉素，是一种剧毒致癌物质，猪对这一毒素很敏感，应避免使用发霉变质的花生饼（粕）喂猪。我国国家标准中的猪配合饲料中黄曲霉毒素B1的允许量为不超过0.02mg/kg。

5. 鱼粉

鱼粉属于动物性蛋白质饲料。进口鱼粉粗蛋白质含量60%以上，国产鱼粉中含粗蛋白质约50%。鱼粉是一种限制性氨基酸含量丰富的蛋白质饲料。优质鱼粉中含有丰富的铁、锌、硒、钙、磷等元素，鱼粉的价值主要是提供赖氨酸、含硫氨基酸及色氨酸等限制性氨基酸。在饲料的实际配方中，考虑成本，以及用量过多时容易引起胴体变软，甚至产生不良气味等问题，所以用量一般不超过10%，主要用于仔猪和种猪饲料中。

（三）粗饲料、青饲料和青贮饲料

干物质中粗纤维含量在18%以上的饲料都是粗饲料。比如干草和作物秸秆等。猪对粗纤维的消化能力差，粗纤维含量越高，有机物消化率越低。

青饲料是指天然水分含量在60%以上的青绿多汁饲料。如苜蓿、青绿牧草等。

在青饲料较多的季节，采用窖藏或大塑料袋贮藏的办法，将青饲料经过乳酸菌发酵，这种饲料叫青贮饲料。青贮是长期保存青饲料营养物质和保持多汁性的一种简单可靠的方法。青贮饲料适口性好，但也要注意添加量，仔猪要少用，容易腹泻。

（四）矿物质饲料、维生素饲料和饲料添加剂

矿物质饲料又分常量矿物质饲料和微量矿物质饲料两大类，前者如骨粉、石粉、贝壳粉、食盐等，后者如铜、铁、锌、锰、硒、碘、钴等。

维生素饲料主要指工业合成或提纯的脂溶性维生素（维生素A、D、E、K）和水溶性维生素（维生素B族、维生素C）。不包括天然维生素来源的饲料，如富含维生素的青绿饲

料和青贮饲料等。

饲料添加剂分为两类：一类是给猪提供营养成分的物质，称为营养性添加剂，主要是氨基酸、维生素、微量元素添加剂；另一类是促进猪的生长、保健及保护饲料养分的物质，称为非营养性添加剂，主要有抗生素、驱虫剂、酶制剂、抗氧化剂、酸制剂、甜味剂、防腐剂、防霉剂、微生态制剂等。

二、配合饲料

根据猪的营养需要，将多种不同的饲料原料，科学的按一定比例均匀混合后的产品，叫做配合饲料。

（一）配合饲料的优点

1. 营养平衡，利用率高

配合饲料是根据猪的营养需要和饲料原料的营养价值设计出的营养平衡的日粮配方，能提高猪生长速度，缩短饲养周期，提高饲料利用率。

2. 原料种类多，相互补充

配合饲料是由谷实等主要原料和各种加工副产品以及矿物质、维生素和一些非营养性添加剂配制而成，能充分利用多方面的饲料，使饲料资源得到合理利用。

3. 充分保证混合添加剂的均匀性

配合饲料中使用的各种添加剂，能够强化饲料的营养价值，使饲料更加科学化，但一般添加剂的用量很小，仅占饲料的万分之几到百万分之几。若人工混合，不能混合均匀，容易造成猪摄入量不足或者过多导致中毒。

4. 生产工业化，全年均衡供应

配合饲料生产的工业化，保证全年生产的均衡性，消除了饲料生产的季节性，有利于畜牧生产的连续性和稳定性。

图4－2　饲料工业化生产

5. 使用简单，经济效益高

配合饲料可以直接饲喂，便于实现饲喂机械化，减少劳动力及人工成本。此外，配合饲料的运输、贮存也很方便。

图4－3　配合饲料运输和贮存

（二）配合饲料的注意事项

1. 符合相关饲料标准要求

生产配合饲料、浓缩饲料和添加剂预混料应符合 GB 13078 要求。

2. 按需配制

应按照猪的品种、生长阶段、生理特征等制定饲养标准，配制饲料。

3. 规范使用

饲料添加剂及添加药物的使用和管理，应符合 NY 5032 规定。

4. 配制合理

使用饲料药物添加剂、浓缩饲料和添加剂预混料自行配制饲料时，配方要合理，比如棉粕用量过多时，易造成棉酚中毒。加工要适当，比如加工豆粕偏生时，蛋白酶抑制剂未能大量破坏，则易引起仔猪腹泻；若加工过度，则会发生美拉德反应，从而降低赖氨酸的消化率。

（三）配合饲料的分类

1. 按营养成分和用途进行分类

（1）全价配合饲料。又叫全日粮配合饲料。该饲料所含的各种营养成分和能量均衡全面，能够完全满足猪的各种营养需要，不需加再添加任何成分就可以直接饲喂。

（2）浓缩饲料。是指以蛋白质饲料为主，加上矿物质饲料和添加剂预混合饲料配制而成的混合饲料。因此，不能直接饲喂，但按一定比例添加能量饲料就可以配制成营养全面的全价配合饲料。一般情况浓缩饲料占全价配合饲料的 15% ~ 30% 左右。

图 4 – 4　预混料生产

（3）添加剂预混料。这种饲料是由营养物质添加剂和非营养物质添加剂等组成。并以玉米粉、豆饼粉以及面粉等饲料作为载体，根据猪的不同品种和生产方式而均匀配制成的一种饲料半成品。市售的多为复合添加剂预混料，一般添加量为全价饲料的 0.25% ~0.3% 。

2. 按饲料物理性状进行分类

（1）粉状饲料。目前，是国内最普遍采用的一种料型，一般是把按一定比例混合好的饲料粉碎成颗粒大小比较均匀的一致料型。细度大约在 2.5mm 以上。

（2）颗粒料。颗粒料是以粉料为基础经过蒸气，加压处理而制成的块状饲料，其形状有圆筒状和角状。

图 4－5　颗粒饲料

（3）碎粒料。是用机械方法将颗粒料再经破碎加工成细度为 2 ~4mm 的碎粒。其特点与颗粒料相同，就是由于破碎而使猪的采食速度稍慢。

另外，还有其他膨化饲料及液体饲料等。

（四）配合饲料的贮存

夏季由于天气热，雨水多，湿度大，饲料极易发生氧化、虫害、鼠害和饲料结块霉变等，为此，应做好配合饲料的贮存。

1. 选择好贮存地点

配合饲料应当选择地势高、干燥、阴凉、通风良好的地方贮存。应用水泥内墙面及水泥地面，以防漏、防鼠和防止地面返潮。饲料不能与地面、墙壁接触，须准备好木板，用来垫放饲料。

2. 控制好温度、湿度和通风

配合饲料贮存的相对湿度要低于 50%，并要保持良好的通风换气，同时要尽可能降低贮存室内的温度。相反，高温高湿则不利于饲料的贮存，气温在 30℃以上且湿度高时霉菌数量大增，从而造成饲料霉变。低温、低湿和通风可防止饲料氧化变质与霉变，则有利于饲料的贮存。所以要求饲料贮存仓库的相对湿度要小于 50%，并要通风良好和较低的温度。

3. 控制好饲料水量

水分的高低直接影响着饲料的贮存效果，水分高，饲料易发生氧化、发热、结块和霉变。因此，贮存饲料时应控制饲料含水量，北方≤14%，南方≤12%。

4. 饲料堆放及其翻晒要求

对贮存期长的饲料，应适当进行翻动，以加强通风，摊开发热处，防止饲料自身发热。另外，一次进料不宜太多，配合好的全价饲料最好不要贮存太久，夏天以不超过 1 个月，冬天不超过 3 个月为宜。

5. 应用抗氧化剂

在氨基酸、维生素和蛋白质含量丰富的配合饲料及某些原料（如鱼粉）中添加抗氧化剂。目前常用的抗氧化剂有丁羟甲氧基苯和乙氧喹等。

6. 添加饲料防霉剂

防霉是饲料贮存最重要的工作。首要措施是要加强饲料的管理，消除霉菌的生长条件，其次是添加饲料防霉剂，如丙酸及其盐类。使用时应严格按推荐剂量添加，与饲料充分混匀，注意饲料内不要同时添加碱性药物或添加剂，以免饲料防霉剂失效。

第五章　猪的饲养管理

俗话说“养重于防，防重于治”，良好的饲养管理有利于猪只健康，提高生产水平，养猪才能取得良好经济效益。下面将分别对种公猪、母猪、仔猪和生长育肥猪的饲养管理进行介绍。

第一节　种公猪的饲养管理

目前，我省饲养种公猪的主要是种公猪站、自繁自养的规模养殖场和部分农村“赶脚猪”的养殖户，饲养品种主要是长白猪、大约克猪、杜洛克猪，有少量的地方猪种如成华猪、雅南猪等。采用自然交配，一头公猪每年可配 25 ~ 30 头母猪，采用人工授精可配 500 头母猪甚至更多。俗话说：“母猪好，好一窝；公猪好，好一坡”，因此种公猪饲养的好坏，对养猪效益影响很大。

一、种公猪的选择

种公猪必须是四肢结实、体格健壮，行动灵活，步伐开阔，站立或行走无内外八字形，背部宽平，腿部肌肉发达；睾丸发育良好，左右匀称，单睾、隐睾或疝症不能做种用，性欲旺盛，精子活力强，密度高，配种后受胎率高，产仔数多；乳头发育均匀、正常，不少于6对；性情温驯，无恶癖。

二、种公猪饲养管理措施

（一）后备小公猪可小群饲养，配种公猪宜单圈饲养

公猪圈应有足够面积（9～12m^2），设运动场，每天让公猪运动，适量的运动是保证种公猪有旺盛的性欲必不可少的措施，不仅可以维持种公猪正常的生理代谢，提高精液的数量和质量，还可以通过运动使身体各个部分均匀的发展，提高身体素质，防止各种肢蹄疾病以及其他一些疾病的发生。每天刷拭猪体，以减少皮肤病和体表寄生虫。建立良好的饲养管理制度，喂料、采精、配种、运动等要在大体固定的时间内进行。夏季注意防暑降温，高温引起的睾丸温度升高是繁殖力下降的重要原因，而且高温影响动物的健康状态，采食和内分泌活动，当气温高于29℃时，公猪的精液数量质量明显下降。

（二）种公猪的饲料要营养丰富全面

一般每千克饲料含可消化能12.6～13.0MJ，粗蛋白质14%～15%，玉米不宜添加过多。在配种季节可添加一定数量的动物性饲料（鱼粉、鸡蛋等）和多种维生素，提高种公猪的精液质量和性欲。每头种公猪每天喂配合饲料2.5～3.0kg，配种旺季每天加喂2～3个鸡蛋或动物性饲料2.5kg，日喂2次，每次不宜喂的太饱，保持有新鲜清洁饮水。总之，种公猪不宜过肥，保持稍瘦的体况并能积极配种即可。

（三）掌握好适宜的初配年龄

种公猪的使用要根据年龄和体质合理地安排，防止公猪过早利用，健康的后备种公猪10月龄后即可用于配种。制订合

理的配种计划和公猪使用强度避免过度配种而使公猪精液品质下降，失去配种能力。在种公猪整个使用期内，10～12月龄每周配1次，1～2岁为青年阶段，尚处在继续发育的时期，每周可配1～2次，2岁以后为壮年阶段，已发育完全，生殖机能旺盛，一般是每周配2～3次。注意保证公猪每周至少休息1天和充足的营养供给，及时淘汰老龄和有疾病的公猪，公猪4岁以后精液品质下降比较明显，可以酌情淘汰。定期检查精液品质，人工授精每次采精后检查，直接配种的公猪每月检查精液1～2次，如发现问题，应及时对症处理。

第二节 种母猪的饲养管理

一、后备母猪的饲养管理

后备母猪在管理上必须做到“两增一减”，两头增中间减饲喂技术，保持圈舍光线充足，通风良好，清洁干净，抓好“促、控、催、调”，确保配种受胎。4月龄前，为促进生长发育，采用自由采食，保持体型。4月龄后到配种前15天，控制生长发育，减少配合饲料给量（每天1.8～2.2kg），增加青粗饲料量。

（一）诱情

后备母猪体重达到80～90kg且年龄达到8～10月龄时，应开始诱情使其尽快发情配种投入生产。诱情方法如下所述。

1. 公猪诱情

把诱情公猪赶入大栏，每次混关10～15分钟（防止偷配成功），每天1次，使后备母猪（看、嗅、听、触）而发情。

2. 补饲催情

通过增加饲料饲喂量，改变体内激素的含量而促使其发情。

3. 应激催情

换圈、户外运动等使体内的激素达到平衡。

4. 合群催情

发情母猪可以影响未发情母猪而促使后备母猪发情。将已发情的母猪放到后备猪圈内诱导后备母猪发情。

（二）适龄配种

后备母猪适配年龄为 8～10 月龄，体重达 100kg 以上，配种前应出现 2－3 次发情，若超过 8 月龄还未出现初情，做肥猪淘汰销售。配种前 15 天开始催情补饲，加大营养供给，增加饲喂量（每天 3～3.5kg），促进发情排卵，确保配种受胎。

图 5－1　适龄配种

二、妊娠母猪的饲养管理

饲养妊娠母猪的重点是保证胎儿在母体内得到充分的生长发育，防止吸收胎儿、死胎、流产现象的发生，使母猪生产出数量多、初生重大、体质健壮和均匀整齐的仔猪，同时为母猪产后泌乳提供营养储备。

（一）妊娠诊断

1. 早期诊断

如果母猪在配种后大约3周没有再出现发情，而且食欲渐增、毛顺发亮、增膘明显、性情温顺、行动稳重、贪睡、尾巴自然下垂、阴户缩成一条线、驱赶时夹着尾巴走路等现象，则可初步判定母猪为妊娠。

2. 仪器诊断

有条件的规模养殖场可以配备兽用B超仪来进行母猪妊娠诊断。测孕的最佳时间段是配种后25～30天，因为此时孕囊最明显且呈现规则的圆形黑洞，最易判断。越往后随着孕囊的发育，孕囊会变得不规则，反而不如前期好判断。体外探查部位一般在下腹部左右，后肋部前的乳房上部，从最后一对乳腺的后上方开始，随妊娠增进，探查部位逐渐前移，最后可达肋骨后端。猪被毛稀少，探查时不必剪毛，但需要保持探查部位的清洁，以免影响B超图像的清晰度，体表探查时，探头与猪皮肤接触处必须涂满耦合剂。

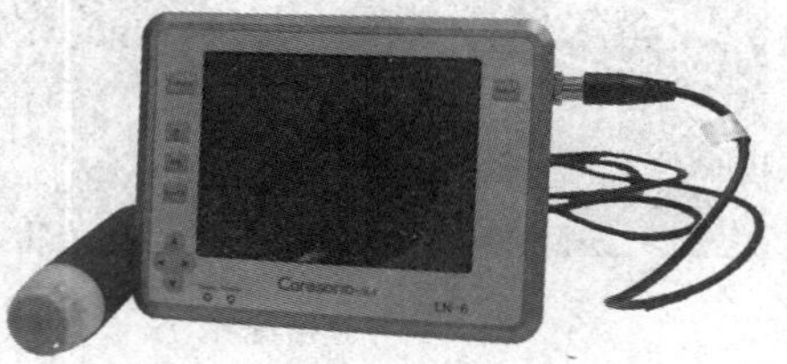

图5－2　妊娠检测仪

（二）预产期推算

母猪的妊娠期一般为111～117天，平均为114天，可用“三、三、三”表示，即三个月三周零三天。

（三）妊娠母猪的饲养管理方法与要点

1. 合理的饲料调配和饲养方法

饲料调配、饲养方法是否合适，对妊娠母猪的生产和仔猪健康发育都有很大影响。必须根据母猪的个体情况和季节变化，适当调整配方，进行合理的饲养管理。妊娠母猪增重到什么程度为好，视母体年龄、交配时间的膘情而定。

2. 妊娠前期饲养要点

一经确认受胎，则要逐渐增加营养，特别是添加动物性蛋白饲料，注意不喂单一饲料。晴天要在运动场上放养种母猪，使其受日光照射，有条件的可饲喂充足的青饲料。

3. 妊娠中期饲养方法

母猪在妊娠中期要采取限食喂养方式。未成熟母猪不仅要考虑到胎儿营养，还必须对母猪也给予必要的营养，随着妊娠日期推移，既要增加饲料量，又要增加优质的高蛋白饲料。

4. 饲养程序

（1）配种后当天应减少配合饲料喂量。

（2）配种后1～21天，特别是1～3天饲养管理要稳定，不能有太大的变化，避免热应激，保持环境相对安静。不能喂高蛋白质饲料，以免引起肾上腺素分泌增加，导致孕激素水平下降，从而影响胎儿着床。日喂量配种后3天1.8kg，4～21天稳定在1.8～2.0kg。

（3）妊娠后22～60天，日喂量仍保持1.8～2.0kg，母猪处于维持饲养阶段；怀孕60～90天，日喂量2.0～2.3kg。

（4）妊娠后91～111天，胎儿增长转快，每日喂量增加至2.5～3.0kg。

（5）体况较好的母猪，产后初期乳量过多过稠，易患乳房炎。仔猪易发生下痢，所以在产前5～7天应按日饲喂量的

10% ~20%减少精料。产前2天，日供料减少到2kg，产前1天日供料减至1.5kg，产仔当天减至0.5 ~1.0kg。加喂抗生素，青料、饮水不限制，可喂给麸皮红糖水，避免母猪发生便秘。对体况不好的母猪不但不减料，而且应加喂一些富含蛋白质的催乳饲料。

（6）妊娠期日喂2次，时间大约为上午8：00，下午18：00。在整个妊娠阶段可以喂大量优质青绿料，但不能喂发霉变质、有毒和有刺激性的饲料，每天供应充足的清洁饮水。

（7）母猪圈舍温度16℃ ~21℃较适宜，过高、过低都应采取降温或防寒保温措施，通风良好。

（四）体况评分

对妊娠母猪进行体况评分是妊娠母猪饲养管理的重要环节，一般采用1 ~5分的评分方式，我们的管理目标是分娩时体况评分达到3分，断奶时体况评分会降到2.5分，在接下来的妊娠期根据母猪个体的体况对日粮进行调整，让所有的母猪下次分娩时仍然处于3分。

体况评分1的母猪：背膘小于10mm，肉眼可见或可以触摸到肋骨、髋骨和脊柱。母猪体况不佳，需要大量采食以增加脂肪和肌肉来维持生产。

体况评分2的母猪：背膘厚度在10 ~15mm。轻压能触到肋骨、髋骨和脊柱。在母猪产下一窝仔猪前，要适当增加采食量。

体况评分3的母猪：背膘厚度在15 ~22mm。重压能触到肋骨、髋骨、脊柱，但肉眼不可见。监控采食量以维持这个体况水平。

体况评分4的母猪：背膘厚度在23 ~29mm。按压不能触及肋骨、髋骨和脊柱。应该适当降低采食量，过度采食会导致饲料的利用率低。

体况评分 5 的母猪：背膘厚度大于 30mm。按压不能触及肋骨、髋骨和脊柱。母猪获得过多的脂肪，应该降低采食量以获得最佳体况。

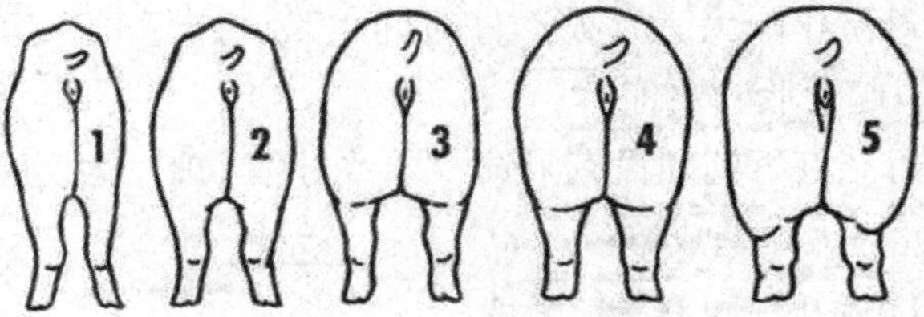

图 5－3　母猪体况评分图

（五）注意事项

1. 维生素特别是维生素 A 更为必需，缺乏维生素 A 就不能发情和受胎，即使受胎，胎儿也发育不良，可引起夜盲症。冬季青饲料不足时，应利用鱼油，并补充维生素 B_1、B_2、D_3。

2. 分娩后体重迅速减轻，这是由于产仔数多、仔猪发育旺盛、母猪减重较快所造成的。为防止体重减少，要从妊娠期就增加营养，使其事先具备耐受力。

3. 分娩前 4 周所给的饲料，要大体上与哺乳母猪的配合饲料接近，使其逐渐适应，以免分娩后食欲和适口性骤变产生不良反应。

4. 分娩前 2～3 日，猪虽食欲很好也要减少饲料给量，饲喂易消化的饲料，加水拌成汤状，以减少肠内粪便，有利于分娩。

5. 勿使母猪剧烈运动，防止滑倒。在盛夏季节分娩，要注意通风，保持清洁干燥。

（六）造成母猪产死胎、畸形、弱仔的主要营养

因素

1. 近亲配种造成死胎、畸形、弱仔。

2. 某些疾病如细小病毒、乙型脑炎、弓形体、猪瘟病毒等可引起母猪流产、死胎、畸形和弱仔。

3. 母猪年龄太大，或产仔时间太长，产仔时产房温度太高可能引起死胎、弱仔。

4. 母猪妊娠期间没有限饲，导致母猪太肥，阴道被压缩，同时胎儿过大，造成难产。

5. 母猪妊娠期营养缺乏或不足。

三、哺乳母猪的饲养管理

饲喂足够的配合饲料，并供给优质青饲料和充足干净饮水，提高母猪产奶量和减少掉膘，确保仔猪正常生长发育和母猪断奶后正常发情配种。

（一）饲喂方法与技巧

1. 产后当天母猪缺水口渴，应及时喂豆浆水、麸皮水或其他调得较稀的汤料，上午喂 0.5kg，下午喂 0.8kg，内加少许食盐和抗生素。

2. 产后 2 ~5 天，母猪仍很虚弱、疲劳、吃得少可在第一天的基础逐渐增加配合饲料喂量。第二天上午和下午各喂 1kg，第三天上午和下午各喂 1.5kg，以后逐渐增加配合料喂量，日喂量达 4.5 ~7.0kg，或按母猪每天维持需要 1.8kg 加上每头仔猪按 0.4kg 投料，例如一头母猪产 10 头活仔，母猪每天应喂料 5.8kg。假如中途仔猪死亡，应相应扣减喂量。如果上午给的料没有吃完，下午应减料，保持每顿给新鲜料。

3. 增加饲喂次数，少喂勤添，每天喂 3 ~4 次，每次间隔时间要均匀。日喂料 3 ~4 次，夜间喂 1 ~2 次，产后 1 ~3 天喂稀料，以后生喂湿拌料。保证优质青饲料和清洁饮水，确保泌乳的需要。供给稳定的饲料，切忌突然改变，以免引起母猪消化性疾病。

4. 采用人工催乳，如果母猪在哺乳期内发生泌乳不足，应分析原因，有针对性地采取措施。增喂含蛋白质丰富而又易于消化饲料，或喂给有催乳作用的催产素或血管加压素，煮熟的胎衣或中药也有良好效果。按摩乳房，给予神经系统刺激，可以促进乳腺发育。

5. 断奶后到再配种期间，饲喂水平是 4～5 千克/天。断奶后 8～14 天发情的母猪或瘦弱母猪，应在第二次发情时再配种。

（二）管理

1. 哺乳母猪每天应进行适当运动。

2. 应有一个安静的环境，让母猪休息好，禁止鞭打母猪，注意保持圈舍平坦、清洁、干燥、冬暖夏凉。

3. 日常管理操作习惯不要改变，以保持正常的泌乳规律，加强防寒保暖工作。

4. 断乳时要注意防止母猪乳腺炎，可采取隔离方式控制哺乳时间，经 4～6 天过度后再进行断乳。同时应逐渐减少母猪精饲料的喂量，适当减少饮水，乳房萎缩后再增加精料，开始催情饲养。

（三）影响母猪泌乳量的因素

1. 品种

不同的猪种泌乳量是不一样的，大型肉用型或兼用型猪种的泌乳力较高，小型或产仔较少的脂用型猪种泌乳力较低。

2. 胎次

初产母猪的泌乳力低于经产母猪，因第一次产仔，乳腺发育尚不完全，又缺乏哺育仔猪的习惯。一般 2 ~3 胎后上升，以后保持一定水平，6 ~7 胎后有下降趋势。

3. 产仔数

一般情况产仔多的，泌乳量较高。

4. 饲养管理

安静舒适的环境利于母猪泌乳，晚上泌乳量高于白天，不要轻易改变饲养习惯。

5. 气候条件

气候适宜有利于母猪泌乳，潮湿炎热的夏天和寒冷的冬天，泌乳量会减少。

6. 营养水平

饲料的营养水平对母猪泌乳量影响很大，高品质的饲料利于泌乳，因为形成乳汁所需要的营养物质是从饲料中得到的，如果营养不足，母猪的泌乳性能就不能充分发挥。

（四）母猪缺乳解决办法

1. 娠期营养不良造成产后无奶，或产奶量少的母猪，饲料中加入含蛋白质、矿物质和维生素丰富原料，搭配有催乳作用的饲料，如豆渣、豆浆、酒糟、南瓜、红苕、萝卜及其他新鲜青饲料，特别注意晚上要喂 1 ~2 次。

2. 对膘情较好，而奶水不足的母猪，可采取喂具有催乳作用的饲料，并采用药物催乳。常用药物有催乳灵、当归、通灵草、王不留行、漏芦各 30 ~ 50g，水煎，与麦麸混合饲喂，每天 1 次，连喂 3 天。

四、断奶母猪的饲养管理

（一）饲养

1. 断奶母猪当天不喂料和适当限制饮水，防乳腺炎。断奶后母猪不停料、不断水，让母猪的奶在乳房中积存，增加乳房压力，反射性地停止奶的分泌，刺激发情。断奶后，母猪最好换圈，仔猪留圈饲养。

2. 母猪断奶后 7～10 天（早的 3～5 天）就会发情配种。断奶后 3～7 天，注意查情（每天至少两次），适时配种，每个情期应配 2～3 次，间隔 12～18 小时。

3. 配种前优饲（饲料量 2.5～3 千克/天），可增加排卵数，一旦配种后立即降至 2 千克/天左右，看膘投料。配种前 15 天开始催情补饲，加大营养供给，增加饲喂量（每天 3～3.5kg），促进发情排卵，提高受胎率。在饲料中添加维生素和抗生素，适当加喂动物性饲料和优质青饲料。

（二）管理

1. 保持圈舍通风、采光、清洁干燥、卫生。

2. 注意观察母猪是否患乳腺炎及子宫炎，并及时处理。

3. 配后 18～25 天内注意检查是否返情。

4. 做好配种各项记录，以便推断产仔时间。

五、其他饲养管理要点

（一）合理分群

母猪在空怀期和怀孕后 2～3 个月可以每圈饲养 2～4 头，但在产前 1 个月和哺乳期要单圈饲养。

（二）饲喂配合饲料

猪只在不同的生长发育和生产阶段的营养需要不同，必须合理配合和供给饲料，才能使猪料适口性好、易消化，这样才让猪吃得下、吃得饱、不浪费。全价营养饲料能最大限度地发挥母猪的生产潜力，获得最好的经济效益。高质量的日粮可提高繁殖性能。因为怀孕和泌乳期是整个养猪生产中最关键的时期，高质量的饲料为胎儿生长、子宫生长、乳房发育、身体生长、产奶等提供了足够的营养。营养不足和过剩也会影响繁殖性能。营养不足会导致母猪受胎率降低、产仔数减少、仔猪初生重低、泌乳量减少，增加断奶至配种的时间，缩短繁殖寿命。

（三）生喂饲料

饲料生喂可降低因饲料蒸煮而造成的营养物质损失（如维生素等），提高增重，避免亚硝酸盐和氰化物中毒；节约燃料和人工费用；保持圈舍清洁卫生。但黄豆、豌豆等豆类、马铃薯（洋芋）、红苕等块根类及可能有污染或有毒的饲料一般不适宜生喂。同时生喂饲料容易感染寄生虫，主要是蛔虫，要定期驱虫。一般在仔猪断奶上圈前驱一次，上圈两个月再驱一次，种猪每年春、秋季各驱一次。饲料生喂有以下几种方法。

1. 生拌料

（1）把配合饲料与青料按1∶(1～2）的比例搭配，掺水3～4倍，拌均匀，每天喂3～4次。此法适用于喂母猪。

（2）把配合饲料加入适量的青料拌匀，再按1∶(0.8～1.5）倍的比例掺水，每天喂3～4次，另外给充足饮水。此法适用于喂仔猪（最好不加糟渣饲料）、育肥猪和种猪。

2. 生干料

把配合饲料放入食槽，另用水槽（猪场最好用自动饮水器），让猪自由采食和饮水。此法适用于生长育肥猪。

3. 颗粒饲料

买颗粒饲料直接放入食槽，不加水，另设水槽。此法适用于喂仔猪。

（四）实行“四定”的原则

定时：每天固定喂猪的时间和次数，不要轻易改变，一般早、中、晚喂三次较好。农村可采取早、晚喂两次也可。

定量：猪吃饲料多少受饲料适口性、气温高低、饲喂技术等因素的影响而有差异。应以喂后猪槽内不剩食也不舔食，猪只安静休息为好。

定质：饲料品种与配合比例，不适宜变化太大，品种需变换时，新旧饲料必须逐步增减，让猪有个消化适应过程，避免暴食或食量下降，影响猪只健康和生长。

定温：特别在寒冷天气，喂料温度太低，会造成猪拉稀，母猪还有可能流产，饲料浪费大。因此，在冬季猪槽内应加适量温水，或温热后再喂。

（五）做好防暑降温和防寒保暖工作

夏季（6、7、8 月）要防暑降温，猪圈要有窗户或天窗、地脚窗，便于通风和散热，最热的时候可在猪舍地面洒凉水或者向猪体泼洒冷水（先泼猪蹄，再泼全身），也可在猪圈周围栽果树、竹林等遮阴植物来降温，最好安装水帘来降温。冬季（11、12、1 月）要防寒保暖，特别是母猪产仔时要注意保暖，避免冻死仔猪。冬季要关闭窗户，在母猪圈内加一产仔箱或产仔床，并在箱或床上方挂 100 ~ 175W 的猪场专用保温灯灯来保温。

第三节　仔猪的饲养管理

一、哺乳仔猪的生长发育特点和生理特点

（一）生长发育快、物质代谢旺盛

仔猪出生时仅有 1kg 左右，到 4 ~ 5 周时体重可达 6 ~ 8kg，生长发育很快。仔猪物质代谢很旺盛，特别是钙、磷和蛋白质

比成年猪高得多，要求供应仔猪全价配合饲料。

（二）消化器官不发达，消化机能不完善

这就要求仔猪饲料质量和适口性好、容易消化，饲料体积小，每日饲喂次数多。

（三）缺乏先天免疫力，容易生病

仔猪出生 10 天以后才开始产生免疫抗体，28 ~ 31 天后免疫抗体也很少，这期间仔猪容易发生黄痢、白痢等疾病。因此仔猪生后要尽快吃到初乳，保持环境干燥、卫生。

（四）调节体温能力差，怕冷

仔猪出生时大脑皮层发育不健全，调节体温能力差，加之皮下脂肪少，被毛稀疏，保温能力差，特别怕冷，容易导致疾病，甚至死亡。因此要做好初生仔猪保温工作。

二、关键技术措施

（一）做好保温防压工作

图 5 – 4　仔猪保温措施

初生仔猪在0～3日龄需要温度为35℃～29℃，4～7日龄为29℃～25℃，8～14日龄为25℃～22℃，15～21日龄为22℃～20℃。早春天气寒冷、风大、变化无常，不利于仔猪生长发育，保温工作很重要。有条件的猪场可在仔猪保温箱或仔猪补料栏内装设100～175W红外线保暖灯泡。将灯泡吊在仔猪躺卧处，通过调节距地面的高度来控制温度。

（二）防止母猪踩压仔猪

仔猪出生后，母猪踩死、压死仔猪多有发生，一般占死亡总数的10%～30%，甚至高达50%，多发生在出生后一周之内。主要原因是母猪体弱或肥胖，反应迟钝，仔猪体弱无力、产圈窄小，特别是1～5天的仔猪易被踩压致死。具体做法：一是护理好新生仔猪，在出生后一周内，应采用护仔箱，将母仔猪隔开，每隔2～3小时让母猪哺乳1次；二是设护仔栏，在母猪舍靠墙的地方，用圆木或铁管在离墙和地面各25cm处设护仔栏，以免母猪沿墙躺卧时将仔猪挤压死；三是设置护仔间，在母猪舍内用木板或砖建一个四周封闭、一边留小门（供仔猪出入）的扩仔间，定时放出仔猪吃奶，这样就大大减少仔猪被踩压的机会。

（三）及时补铁、补硒与补料

初生仔猪普遍存在缺铁性贫血，铁是造血和防止营养性贫血必需的元素，又是细胞色素酶类和多种氧化酶的成分。仔猪体内的铁贮量仅够维持6～7天，如不补充铁，一般10日龄左右即出现因缺铁而导致的食欲减退、被毛粗乱、皮肤苍白和生长停滞等。因此，仔猪出生后2～3天必须补铁。一般是用生血素肌肉注射1～2mL，也可肌注右旋糖苷酐（葡聚糖铁）1～2mL。

硒和维生素E具有相似的抗氧化作用，它与维生素E的吸收、利用有关。缺硒时仔猪往往发生下痢、白肌病等，病猪多是营养中上等的或生长较快的仔猪，体温正常或偏低，叫声嘶哑，行走摇摆，进而后肢瘫痪。一般在仔猪出生后3～5天肌肉注射0.1%亚硒酸钠或维生素E注射液0.5mL，断奶前后再注射1mL。在仔猪饲料中，按每千克饲料添加亚硒酸钠0.1mg。

（四）让初生仔猪尽早吃上初乳，并要做好固定乳头，及时补料

补料的饲料要合理搭配，最好喂优质商品乳猪料，不喂劣质和发霉饲料，以防仔猪患病。训练仔猪从吃母乳到吃饲料，是仔猪补料中的首要工作。可锻炼仔猪的消化道，提高消化能力，为大量采食饲料做准备，还可减少白痢病的发生。仔猪开食越早越好，一般从5日龄开始即可诱饲。可用高能哺乳猪全价饲料或其他乳猪料。把上述饲料用少量水拌湿，用手向仔猪嘴里抹，每天抹3～4次，同时在饲料中添加仔猪诱食预防药连用5天，可预防下痢。以后可在仔猪补料槽放上饲料让其自由采食。同时，要保证清洁充足的饮水，仔猪生长迅速，代谢旺盛，需水量较多，应保证水的供给。

（五）做好卫生和消毒工作

要保持圈舍内清洁干燥，粪便、垃圾要及时清扫。让母猪养成定点定时排粪尿，不用水冲洗猪圈，及时清除舍内粪便，使舍内干燥，保温没有臭味。

认真做好消毒工作，圈舍、食槽等要定期消毒，一般冬春季每隔2～3天消毒1次。不同类型的消毒药交替使用，可有效地杀灭各种病毒、细菌、支原体、真菌和芽孢等。

三、断奶仔猪的饲养管理技术要点

仔猪面临最大的问题是断奶应激、心理应激、营养应激，

在不当的饲养条件和营养条件下，应激可使刚断奶的仔猪生长停滞甚至倒退；所以，仔猪生产的目标是尽量减少断奶应激，降低断奶腹泻和死亡率，促进仔猪健康、快速的生长。

无论是自繁自养，还是购买仔猪育肥，在进猪前 1 周必须对空栏舍进行彻底清洗、消毒，并备足相应的饲料。购买仔猪时，应了解仔猪的免疫保健和防疫情况，挑选精神活泼、健康无病、体重相差不大的仔猪。

（一）饲养

断奶方式：采用产床分娩的猪场，多采用一次性断奶法；采用地面平养分娩的猪场，最好采用逐渐断奶或分批断奶，一般 5 天内完成断奶工作；小规模饲养方式的仔猪可一直饲养到出栏仍在原栏。

1. 合理分群

按强弱大小分栏饲养，每栏仔猪体重接近，按每头猪占 $0.9m^2$ 的面积计算每栏饲养头数。最多每栏在 15 头左右，过多拥挤易发生咬尾、咬耳现象，不利于猪的生长。

2. 喂料

断奶后一周内的仔猪要控制采食量，以喂 8 成饱为宜，实行少喂多餐（每天喂 4 ~ 6 次），逐渐过渡到自由采食，在不发生营养性腹泻的前提下，尽量让仔猪多采食。断奶后 10 ~ 20 天内，仍然喂给断奶前饲喂的乳猪料。乳猪料换为仔猪料时应有 5 ~ 7 天的过渡期，逐渐减少乳猪料的饲喂比例，直至完全饲喂仔猪料。

3. 饮水

保育仔猪供给充足、清洁的饮水，自动饮水器高低应恰当，保证不断水，若无自动引水器，饲槽内放清洁的水，刚进栏的猪可适当在饮水中加入多维。

（二）管理

1. 观察

每日早、中、晚观察仔猪精神状态、呼吸、吃食、粪尿等情况，发现病情立即请兽医，尽快治疗，并按兽医要求加强饲养管理，必要时隔离治疗。

2. 调教

使仔猪做到三定：吃、睡、排粪定地点。为使排粪尿定地点，在分栏时把仔猪粪便放在每栏定点位置。通过 3 ~5 天调教，基本都能做到定点排粪尿。既便于粪便清扫，又能保持猪舍干净。

3. 清扫

每日必须进行清扫保持栏舍内干净卫生。

4. 保温

断奶仔猪适宜温度 25℃ ~26℃，应注意通风。

5. 补硒

新购买的仔猪，在第 10 天左右注射亚硒酸钠及 VE 针：1mL/头。

6. 去势

对未去势的仔猪进行骟割。

第四节　生长育肥猪饲养管理

生长育肥猪是生长速度最快、耗料量最大的阶段，要获得好的利润，这个阶段的饲养管理十分重要。生长育肥猪每圈可养 6 ~10 头。

一、生长育肥猪的饲养

（一）分阶段饲养

生长猪（20～50kg）每天饲喂3次，时间安排为早上8点，中午13：00，下午18：00；育肥猪（50～100kg）每天饲喂2次，时间安排为早上8：00～9：00，下午17：00～18：00，自由饮水。

（二）合理搭配饲料

要求营养全面，猪吃得下、消化好、成本低。

1. 饲料多样化搭配

猪饲料有能量饲料（谷实类、糠麸类、糟渣类）、蛋白质饲料（豆类、饼粕类、酵母、动物性饲料）、矿物质饲料（石粉、贝壳粉、骨粉、食盐和添加剂）、维生素饲料（酵母、优质草粉、青料及添加剂）四大类，配合饲料时尽可能多用几种，并尽可能用本地生产的饲料，以提高饲料的全价性和利用效率。

2. 控制粗纤维含量、适口性好易消化

农村许多农户至今还用高粗纤维饲料喂猪，吃亏不小。粗纤维影响适口性、消化吸收、饲料转化，饲料中粗纤维每增加1个百分点，有机物的消化率降低1.29%～1.35%。生长猪粗纤维不超过6%～8%，不能用高纤维饲料喂猪。

3. 添加微量元素和维生素

（1）在配合料中加铁、铜、锌、锰、钴、硒、碘微量元素。

（2）在不喂青料的情况下要添加维生素A、D、B_{12}、维生素E等，通常100kg配合料中加15～25g多种维生素。

二、生长肥育猪的管理

（一）组群与调教

断奶猪经过骟割、防疫、驱虫后可组群进行肥育期饲养。将大小相差不超过5～8kg的断奶仔猪8～12头放到一个圈内，进行调教，做到采食、饮水、卧睡、排便四定位。

（二）温度、湿度、光照及空气新鲜度

1. 温度

生长育肥猪最适宜的环境温度为16℃～20℃，此温度猪只生长快、饲料利用率高，当温度高于30℃或低于10℃时都将影响猪的增重，甚至发生疾病。气温太高时要防暑降温，可在猪舍周围栽遮阴植物或搭遮阳棚、清水冲圈、给猪体洗澡、用电吹风扇等；气温低时要防寒保暖。

2. 湿度

猪只允许的相对湿度为75%～80%。一般情况湿度不会影响猪的生产。但当高温高湿和低温高湿时的猪只生产影响严重。除湿的办法就是加强通风，湿拌饲料，使用自动饮水器和降低猪只密度。

3. 光照

要避免太阳光直接辐射，圈舍采光良好。对阴暗圈舍、墙壁增开窗户，房顶安装亮瓦。

4. 猪舍内有害气体

主要有二氧化碳、氨气和硫化氢。这些有害气体超过一定浓度，就会使猪眼结膜和呼吸道发炎，严重时发生呕吐、腹泻、生长和饲料转化率下降。因此要采取及时除粪污、保持圈舍干燥、通风良好，对阴沟和贮粪池加盖等措施，减少有害气体，保持新鲜空气。

（三）适时出栏

从增重速度、料肉比、胴体肥瘦度和生产成本（饲料与猪价）等方面来看，长白（约克、杜洛克）与本地杂交生产的二、三元杂交育肥猪以 90kg 出栏为宜；长白（约克、杜洛克）与长白（约克、杜洛克）杂交生产的二、三元杂交育肥猪以 100 ~ 110kg 出栏为宜。

第六章 猪场疫病综合防治

第一节 猪场卫生管理和消毒

一、建立消毒设施

养猪场大门口建立消毒池。消毒池内的消毒液每 3 天更换一次，保持消毒池内消毒液的有效浓度。同时配置低压消毒器，对车辆进行喷雾消毒。车身、车轮可用 1:800 消毒威喷雾。

二、人员消毒与管理

进入养猪场区的工作人员都必须更换已消毒的衣服和专用胶鞋，在消毒间经紫外灯消毒 5 分钟 ，才能进入生产区。进猪舍前必须洗手，用消毒净清洗，每一栋猪舍前设小消毒池，经踩踏消毒后方可进舍。

饲养人员及兽医接触猪后，离开时都应将手和鞋消毒，污染的衣服也要经消毒处理。衣服和鞋应经常洗涤和消毒，保持干净。

外来人员也必须按照此程序执行。进入养猪场区的物品，要根据物品特点选择使用消毒形式进行消毒处理。如紫外灯照射 30～60 分钟，消毒药液喷雾、浸泡或擦拭等。

图 6－1　消毒通道

离开猪场外出返场的人员要先在办公区隔离 2 天，经净化后再进入生产区。

三、场地设施与猪只消毒

1. 场地、设施消毒

对场区道路每周定期消毒 1 次，运动场及场内道路可用 2%～3% 烧碱水消毒。猪舍要经常清粪，每日一次，并保持干燥。饲槽和水槽也要保持清洁，给料前应清除残留在槽内的饲料，并冲刷干净、消毒。猪在圈时，清洗后用 0.1% 过氧乙酸、0.5% 强力消毒灵溶液喷雾或 1∶1200 消毒威药液对猪圈、地面、墙体、门窗以及猪体表喷雾，一般每平方米用配置好的消毒液 300～500mL，每周 1～2 次。对产房，先将地面和设施用水冲洗干净，干燥后用福尔马林熏蒸 2 小时，再用 1∶1200 消毒威溶液消毒一次，亦须彻底用干净水冲洗，除去消毒液，以免腐蚀皮肤和用具，最后用 10% 石灰水刷地面和墙壁。对母猪体表消毒，可用 1∶500 强效碘或 1∶1500 的速灭 5 号消毒。

2. 待产母猪消毒

进入产房前先把猪全身洗刷干净，再用 1∶500 菌敌消毒全身，下腹、会阴部、乳房可用0.1%的高锰酸钾溶液抹拭。空栏时，将舍内用具搬到室外用消毒液刷洗、晾晒、利用阳光中的紫外线杀死病原微生物，舍内在进行消毒前必须彻底清扫干净，清洗干净后用2%～3%烧碱水浸渍2小时以上，先用硬刷刷洗，再用清水冲洗。放干数日后，关闭猪舍门窗，用过氧乙酸熏蒸12小时，再用1:800消毒威喷洒消毒一次。

3. 粪便的消毒

粪便可用发酵池法或堆积法进行消毒，或用5%氨水喷洒，污水可用含有效氯25%的漂白粉消毒。

4. 病死猪处理

对于病死猪尸体最好焚烧或深埋，深埋时穴深1m以上，尸体先浸消毒水（如3%碱水），掩埋时要厚洒生石灰，在指定地点作无害化处理。

四、器械消毒

注射器具要煮沸和高压消毒，并严格做到一头猪一个注射针头，用后的注射器未经消毒绝不能再用，抽取药液时为保持药液的干净应用消毒针头。场内不准随地吐痰，不准带入其他动物进入场区。在从事人工授精、接产等与猪体充分接触作业时，要戴消毒手套和口罩等。

第二节　免疫接种

搞好免疫接种，是预防猪场疫病流行的重要措施，应该注意的是，免疫程序的建立，要考虑本地区疫病流行情况，母猪母源抗体状况，仔猪、生长猪、肉猪的发病日龄，发病季节，免疫间隔时间等因素以及以往免疫效果。拟定一个好的免疫程序，不仅要有严密的科学性，而且要符合当地猪群的实际情况，也可考虑疫苗厂家推荐的免疫程序。

推荐免疫程序如下所述。

一、商品猪

免疫时间	使用疫苗
1 日龄	猪瘟弱毒疫苗
7 日龄	猪喘气病灭活疫苗
20 日龄	猪瘟弱毒疫苗
21 日龄	猪喘气病灭活疫苗
23 ~ 25 日龄	高致病性猪蓝耳病灭活疫苗
	猪传染性胸膜肺炎灭活疫苗
	链球菌Ⅱ型灭活疫苗
28 ~ 35 日龄	口蹄疫灭活疫苗
	猪丹毒疫苗、猪肺疫疫苗或猪丹毒 - 猪肺疫二联苗
	仔猪副伤寒弱毒疫苗
	传染性萎缩性鼻炎灭活疫苗
55 日龄	猪伪狂犬基因缺失弱毒疫苗
	传染性萎缩性鼻炎灭活疫苗
60 日龄	口蹄疫灭活疫苗
	猪瘟弱毒疫苗
70 日龄	猪丹毒疫苗、猪肺疫疫苗或猪丹毒 - 猪肺疫二联苗

备注：1. 猪瘟弱毒疫苗建议使用脾淋疫苗。

2. 在母猪带毒严重，垂直感染引发哺乳仔猪猪瘟的猪场实施。

3. 根据本地疫病流行情况可选择进行免疫。

二、种母猪

免疫时间	使用疫苗
每隔4~6个月	口蹄疫灭活疫苗
初产母猪配种前	猪瘟弱毒疫苗
	高致病性猪蓝耳病灭活疫苗
	猪细小病毒灭活疫苗
	猪伪狂犬基因缺失弱毒疫苗
经产母猪配种前	猪瘟弱毒疫苗
	高致病性猪蓝耳病灭活疫苗
产前4~6周	猪伪狂犬基因缺失弱毒疫苗
	大肠杆菌双价基因工程苗
	猪传染性胃肠炎、流行性腹泻二联苗

备注：1. 种猪70日龄前免疫程序同商品猪。

2. 乙型脑炎流行或受威胁地区，每年3~5月份（蚊虫出现前1~2月），使用乙型脑炎疫苗间隔一个月免疫两次。

3. 猪瘟弱毒疫苗建议使用脾淋疫苗。

4. 根据本地疫病流行情况可选择进行免疫。

三、种公猪

免疫时间	使用疫苗
每隔4~6个月	口蹄疫灭活疫苗
每隔6个月	猪瘟弱毒疫苗
	高致病性猪蓝耳病灭活疫苗
	猪伪狂犬基因缺失弱毒疫苗

备注：1. 种猪70日龄前免疫程序同商品猪。

2. 乙型脑炎流行或受威胁地区，每年3~5月份（蚊虫出现前1~2月），使用乙型脑炎疫苗间隔一个月免疫两次。

3. 猪瘟弱毒疫苗建议使用脾淋疫苗。

四、常见免疫失败原因

1. 抗原变异使致病微生物在增殖过程中会发生变异，在生长过程中有时使我们的针对此病原的疫苗所产生的抗体不能够有效地杀死抗原，从而造成免疫失败。

2. 疫苗的质量。主要是疫苗的效价，保存温度、运输条件及使用时疫苗稀释后的保存温度不当，会降低疫苗的效价，导致免疫失败。

3. 动物自身供给群体的营养严重不足或群体水平过低，都会影响动物机体的免疫系统的完整性，而造成免疫功能低下。当群体处在健康异常状态时，如发病或久病刚恢复时，因身体的虚弱、机体免疫功能低下。另外，动物的年龄、性别、环境、应激等都影响动物的免疫应答，个体之间的差别也会使免疫效果出现不同的结果。

4. 疫苗用量过大，抗体形成受到抑制，出现免疫耐受或毒性反应。用量少则仅生成 IgM，而不生成 IgG，同时也产生耐受。因此不宜随意增加或减少。注射部位不当，也会导致失败。如果不了解动物正使用抗生素，对疫苗的免疫效果有较大的影响。

五、常见疫苗的保存措施

1. 活疫苗应在冷冻条件下保存运输。

2. 灭活疫苗均需要在 2℃ ~8℃的环境下贮藏及运输，严禁冻结。

3. 在购买疫苗时，应立即放入保温箱，避免光照，放阴凉处。

第三节　猪病的药物预防与防治方法

一、药物预防

为了防止病原微生物引起致病，需定期在饲料和饮水中加入适量的抗菌药物进行全群预防，要根据猪场与本地区猪病发生与流行的规律、特点、季节性等，有针对性地选择高疗效、安全性好、抗菌谱广的药物用于预防，方可收到良好的预防效果，切不可滥用药物。保证用药的有效剂量，小于最低治疗量，防止药物蓄积中毒和副作用。但长期使用药物预防，易产生耐药性，会影响以后病猪的治疗，使药物预防变得无效。所以需根据实际情况来选择预防药物，避免长期使用。

建议添加药物预防疾病的方案：乳猪断尾、剪牙、阉割时必须做好消毒工作，1 ~3 日龄注射 1 ~2mL 铁制剂提高猪只免疫力。23 ~25 日龄断奶后连续使用 5 ~7 天阿莫西林、泰乐菌素或氟苯尼考来预防大肠杆菌、链球菌病、副伤寒、支原体、传染性胸膜肺炎、传染性萎缩性鼻炎等疾病，停药 7 天后再使用 5 ~7 天（这个过程最好与上次添加药物不一致）。40 日龄左右饲料中添加阿苯达唑、左旋咪唑、伊维菌素或阿维菌素驱虫。很多病毒性感染，如猪瘟、蓝耳、伪狂犬、乙脑、细小病毒等疾病都能导致母猪流产或产死胎，这些疾病的预防最好是使用疫苗，免疫接种。临床表明，在母猪产后一小时内注射 20 ~25mL 10% 盐酸土霉素对于母猪子宫内膜炎、乳腺炎、产后综合征有很好的预防效果。种猪每月土霉素拌料或饮水服用 3 ~5 天，用量按 0. 1% 预防气喘病和猪肺疫等，并有一定促生长作用。一般在仔猪出生、断奶时可采取阶段性药物预防，如仔猪出生后，吃初乳之前，每头口服1%稀盐酸3mL，连用3天，可预防仔猪黄、白痢的发生。仔猪开食后，在饲料中加入1%土霉素，连喂5天，可预防猪水肿病。减少应激反应，如转群、去势等可临时药物预防，在猪群受到某些细菌性传染病威胁时及时预防。在猪群使用弱毒菌苗免疫前和免疫后的数天（5~7天）应停止用药以免影响免疫效果。

二、猪病防治方法

治疗流行性强、危害严重的传染病，必须在严密封锁或隔离的条件下进行，避免使治疗的病猪不致成为散播病原的传染源。对人畜有严重威胁的传染病；或当地过去没有发生过的危害性较大的新病；或治疗需要很长时间，治疗的费用高于病猪本身的价值或治疗对疾病恢复无明显效果时，应将病猪淘汰或宰杀。在治疗上，既要针对病原体；又要帮助动物机体增强抵抗力，调整和恢复生理机能，采取综合性治疗。

（一）特异性疗法

是应用针对某种传染病的高免血清或病愈后的血清对病猪进行治疗。这种方法适用于某些急性传染病，如猪瘟、猪肺疫等。一般在发病的早期注射足够剂量的高免血清，常能获得良好疗效。如果没有特制的高免血清，可以用康复后的猪血清代替。

（二）抗菌药物治疗

使用药物治疗时应注意以下几点。

1. 避免长期使用同一种类药物，否则易产生耐药性。

2. 应选用长效药物，减少投药次数，以节省时间和成本，并考虑副作用小及毒性小的药物。用药期间应密切观察猪群，出现不良反应，以便及时停药或换药。

3. 不要滥用抗生素。对病毒性传染病一般不宜用抗生素。猪在屠宰前一定时间内不准使用抗生素等药物治疗，这些药物在猪肉中的残留量对人类有危害性。

4. 注意药物合用时的配伍禁忌，以便提高疗效。如土霉素与链霉素合用，不仅不能提高疗效，反而影响疗效。

第四节　寄生虫病的综合防治

寄生虫对养猪业具有严重的危害，规模化猪场一旦感染了寄生虫病将会造成重大经济损失，严重影响猪肉产品质量，对人体健康造成隐患，所以对寄生虫病的防治十分重要。

一、驱虫时间的确定，直接影响驱虫效果，用药过早达不到驱虫效果，而过迟则影响猪的发育，形成僵猪。根据流行特点、生活史规律来确定驱虫时间。

二、驱虫药量要准确。无论躯体内或体外寄生虫，应事先选择体况及发育中等的几头有代表性的猪，先做试验性驱虫。经观察，确认效果良好且安全后，再进行大群驱虫工作。注意驱虫药过量对猪也能产生毒害作用，因此无论是预防驱虫或治疗性驱虫一定要掌握好用量或浓度。同时还要根据猪的年龄大小，体质强弱不同，进行分群区别用药。

三、驱虫后应注意观察，发现有中毒者，应立即解毒。对于治疗用药后的病畜要加强护理，以防继发其他疾病。

四、驱虫后应有一定的隔离时间，直至病原排完为止。随粪便排出的虫卵，对外界具有较强的抵抗力，一般的化学物均不能将其杀死，但对高温敏感，应将平时和驱虫后的粪便及时清除出栏舍，集中堆积发酵，或焚烧，深埋；地面、墙壁、饲槽应用5%的石灰水消毒，以防寄生虫重新感染。

参考程序：后备母猪6月龄驱虫一次，配种前进行体内驱虫一次；种公猪春秋各驱虫一次；生产母猪产前一周驱虫一次或断乳后连用一周驱虫药；保育猪60日龄驱虫一次。生产肥育猪寄生虫严重的猪场；100~110日龄驱虫一次。

可用害获灭（伊维菌素）皮下无菌注射，按每33kg体重1mL剂量，每年一次，驱胃肠线虫、肺线虫、疥螨、虱等寄生虫。左旋咪唑，按8mg/kg，溶于水灌服、混料喂服或饮水投服。另外，可选用盐酸左旋咪唑注射按7.5mg/kg体重一次，肌肉或皮下注射。左旋咪唑最好不用于怀孕母畜，若发生呕吐、流涎、瞳孔缩小、呼吸困难、肌肉痉挛等一系列中毒症状，可用阿托品等药物解毒。

另外要加强对家畜的饲养管理，做到全价营养，保持健壮体质，以增强机体抵抗力。

第五节　猪的常见病和防疫

在养猪生产中，除了各项饲养管理技术影响猪的发育生长外，猪病是对养猪生产有着重大影响的因素。猪病不仅影响猪的正常生长发育，正常发情产仔，降低饲料利用效率，增加养猪成本，甚至有些猪病还可导致猪的死亡。

猪的传染病一旦发生，会在整个猪群中大肆传播，导致全群大部分猪发病，甚至全群或大部分猪死亡。而猪病的控制和减少发生，应从两个方面同时进行，一是预防为主，如严格猪场的常规消毒防疫措施，对猪进行各种传染病疫苗的免疫注射等等，使各种猪的病原菌被消灭在萌芽状态，防止侵袭和感染猪群。二是积极治疗各种猪病，及时认真观察猪群，一旦发现猪患了病，应及时进行治疗，以使猪尽快康复。总而言之，猪病的控制原则，应是以预防为主，防止各种细菌和病毒感染猪群，这是最好的防病方法。因此，在养猪生产中，建立严格的防疫消毒制度，按免疫程序及时给猪注射疫苗，是重要的防病原则。

一、细菌性疫病

（一）仔猪白痢

1. 病原

致病性大肠杆菌，又称迟发性大肠杆菌病。

2. 流行特点

一年四季均可发生，以 10～20 日龄的仔猪发病最多。一窝仔猪中发病常有先后，若有一头发病，不及时采取措施，就会很快传播。致病诱因主要有仔猪的饲养管理不当，猪舍卫生不好，阴冷潮湿，气候骤变，母猪的奶汁过稀或过浓等。

3. 临床症状

突然发病拉稀，粪便呈灰白色或淡黄绿色，常混有黏液而呈糊状，有特殊的腥臭味。体温无明显改变。

4. 剖检病变

病死仔猪肠内有不等量的食糜和气体，肠黏膜轻度充血潮红，肠壁变薄，肠淋巴结水肿。

5. 防治措施

一是预防，改善饲养管理，提高母猪健康水平；可使用仔猪黄白痢灭活苗预防接种。二是治疗，全窝发病，给母猪用药，日喂碳酸氢钠 30g，分 2 次喂，连用 2～3 天。零散仔猪发病，使用磺胺脒 0.5g1 片、碳酸氢钠 3g，口服，连用 2 天；硫酸庆大霉素每次 5～10mg/kg 体重口服，每日 2 次，连用 2～3

天。

（二）仔猪黄痢

1. 病原

致病型大肠杆菌引起，又称早发性大肠杆菌病，剧烈水泻和迅速脱水而死亡为特征。

2. 流行病学

出生后数小时至5日龄以内仔猪发病，以1～3日龄最为多见，一周以上的仔猪很少发病。潜伏期短。一窝仔猪出生时体况正常，经一定时日，突然有1～2头表现全身衰弱，迅速死亡，以后其他仔猪相继发病。

3. 临床症状

排出黄色浆状稀粪，内含凝乳小片，很快消瘦。昏迷而死。

4. 剖检病变

尸体脱水严重，皮下常有水肿，肠道膨胀，有多量黄色液状内容物和气体，肠黏膜呈急性卡他性炎症变化，以十二指肠最严重。肠系膜淋巴结有弥漫性小点出血，肝、肾有凝固性小坏死灶。

5. 防治措施

发病初期，立即对全窝仔猪给药，常用药物有金霉素、新霉素、磺胺甲基嘧啶等。对于常发地区，可用大肠杆菌腹泻K88，K99，987P三价灭活菌苗，或大肠杆菌K88，K99双价基因工程苗给产前一个月怀孕母猪注射，以通过母乳获得被动保护，防止发病。抗生素和磺胺药物疗法：庆大霉素注射液，肌肉注射，一次量每头8万单位，1天2次，连用3天。硫酸卡那霉素注射液，肌肉注射，一次量每千克体重10～15mg，1天2次，连用3天。对仔猪排出水样的严重的黄痢病，可用“腹泻康”与氧氟沙星注射液混合，肌肉注射，一次量3～5mL，并喂服葡萄糖液（添加少量精盐），或应用庆大霉素8万单位稀释于5%的糖盐水中，20mL腹腔注射，1天2次，连用2天。

（三）仔猪副伤寒

1. 病原

属沙门氏菌。2－4月龄猪最多发，常继发于其他疾病。许多类型的沙门氏菌具有产生毒素的能力，尤其是肠炎沙门氏菌、鼠伤寒沙门氏菌和猪霍乱沙门氏菌。毒素有耐热力，75℃经1小时仍有毒力，可使人发生食物中毒。但对化学消毒剂的抵抗力不强，常用消毒药均能将其杀死。

2. 流行特点

主要发生在2～4月龄的猪，多发生于阴雨潮湿、寒冷的季节，呈零散发生或地方流行性。

3. 临床症状

潜伏期由两天至数周不等，可分为急性型和慢性型两种。

急性型（败血型）：多见于断奶前后的仔猪，体温高至41℃～42℃，先便秘，后拉稀，呼吸困难，耳根、后躯及腹下部皮肤呈暗紫色。有的出现症状后24小时死亡，但多数病程2～4日，病死率很高。

慢性型：体温高至40.5℃～41.5℃，寒战，病初便秘，后下痢，粪便呈淡黄色或灰绿色，恶臭，并混有血液、坏死组织或纤维素化，逐渐消瘦，即使不死，恢复后的生长发育不好。死亡率25%～50%。

4. 剖检病变

全身淋巴结尤其是肠系膜淋巴结肿大、出血，心包和心内、外膜有小点状出血，有时有浆液性、纤维素性心包炎；

肝、脾及淋巴结有小坏死或灰白色结节；肺脏多表现瘀血和水肿，气管内有白色泡沫。

5. 防治措施

采用抗菌药物治疗，常见抗菌药物有氟苯尼考、卡那霉素、多西环素、替米考星、环丙沙星、磺胺甲唑等。但使用药物易导致耐药菌株出现，因此实际操作中需使用不同种药物交替使用，或经常更换药物品种，有条件的猪场可先做药敏试验并使用最敏感的药物治疗。在预防上可用多价或单价副伤寒疫苗。

（四）猪丹毒

1. 病原

猪丹毒杆菌，是一种革兰氏阳性菌。

2. 流行特点

丹毒杆菌主要存在于病猪的心、肾、脾和肝，以心、肾含菌量最多。一年四季均有发生，主要侵害 3～12 月龄的猪，病程较短，死亡迅速。

3. 临床症状

发病过程分最急性型、急性败血型、疹块型和慢性型四种。

最急性型：发病迅速，突然死亡。

急性败血型：发病突然，体温升高到 42℃以上。眼皮肿胀，结膜发红，发病 1～2 日后，常见皮肤上有红斑，大小、形状不一，指压时红色消失。

疹块型：患猪全身皮肤出现方形或菱形疹块，界限明显，突出于皮肤，红紫色。

慢性型：由急性或疹块型转变为慢性。有的关节肿大、关节炎，耳朵坏死脱落。

4. 剖检病变

全身淋巴结肿大，呈显著充血和点状出血，脾脏高度肿大，樱桃红色，胃底及幽门部黏膜弥漫性出血，夹有小点出血，肾脏瘀血肿大，暗红色，有出血点；心脏积水，心肌有炎症，心房有心内膜炎，心外膜和心内膜可见小点出血；肝脏充血，红棕色，暴露于空气中转变为鲜红色；肺充血水肿，胸腔常有浑浊的渗出液。

5. 防治措施

一是预防：每年坚持两次猪丹毒菌苗注射，仔猪断奶后头头注射；定期消毒，杀灭病原体；隔离治疗，病死猪需经高温处理。二是治疗：青霉素：首次剂量按每千克体重 8 万单位计算，待症状好转后用量减少，为防止复发连用 3 天左右；红霉素：按每千克体重 0. 03g 计算，10kg 体重用红霉素 0. 3g 1 支、注射用水 10mL 与 50% 葡萄糖 20mL，混合静脉推注。

（五）猪肺疫

俗称锁喉风或出血性败血症。

1. 病原

多杀性巴氏杆菌，为巴氏杆菌属。

2. 流行特点

无明显季节性，但以冷热交替、气候剧变、闷热、潮湿、阴雨季节发生较多。

3. 临床症状

潜伏期 1 ~5 天，病程经过可分为最急性型、急性型和慢性型。

最急性型：呈败血症状，常突然发病，迅速死亡。晚间吃食正常，次日清晨死于栏内。口鼻出血，颈下部、耳根、四肢内侧、腹部皮肤，呈紫红色。

急性型：病初体温 40℃ ~41℃，呼吸困难，湿咳，呈犬坐姿势，皮肤有紫斑或小出血点，多窒息而死，病程 4 ~6 日，不死则转为慢性。

慢性型：主要表现为慢性肺炎或慢性胃肠炎症状，鼻流黏脓性分泌物，持续性咳嗽与呼吸困难、消瘦，病死率达 60% ~70%。

4. 剖检病变

咽喉黏膜发炎，周围组织浆液浸润，皮下组织可见胶冻样、淡黄色水肿液，全身淋巴结出血、肿大，肺充血，可见红色肝区（质硬）；胸腔内和心包内有多量淡红色液体，胃肠黏膜可见出血点。

5. 防治措施

一是预防，每年进行两次猪肺疫菌苗注射；圈舍定期消毒，消毒液可使用 10% 石灰乳和 2% 烧碱混合液。二是治疗，磺胺类药物，复方磺胺嘧啶钠首次用量每千克体重 0.1g，每日肌肉注射 2 次，也可静脉推注。还可使用青霉素、链霉素，按每千克体重 10 万单位，每日注射 2 次。

（六）副猪嗜血杆菌病

1. 病原

副猪嗜血杆菌病是由副猪嗜血杆菌引起的一种猪细菌性传染病。

2. 流行特点

无季节性，一年四季均可发病。可使 2 周龄到 4 月龄的猪感染发病，尤其 5 周龄至 8 周龄断奶前后和保育阶段的猪比较常见，发病率 10% ~15%，病死率可达 50%。

3. 临床症状

典型特征为多发性浆膜炎、胸膜炎、心肌炎、腹膜炎、关节炎和脑膜炎等病理变化。此外，副猪嗜血杆菌还可引起败血症，遇到急性症状时在不出现典型的浆膜炎就呈现发绀、皮下水肿和肺水肿病理变化，甚至死亡。

4. 剖检病变

猪在感染副猪嗜血杆菌的初期，使用氨苄西林、盐酸环丙沙星、头孢噻呋、甲氧苄啶、红霉素、青霉素、硫姆林、替米考星有效果。对于副猪嗜血杆菌严重感染的猪，使用抗生素基本没有任何的效果。该菌作为猪上呼吸道的常在菌，猪舍环境卫生要引起重视。通过消毒剂的使用，也能实现良好的防治效果。

六、病毒性疫病

（一）口蹄疫

1. 病原

口蹄疫是由口蹄疫病毒引起的以患病动物的口、蹄部出现水疱性病症为特征的传染性疫病。

2. 流行特点

猪对口蹄疫病毒特别具有易感性，有时牛、羊等偶蹄兽不发病，猪还能发病，不同年龄的猪易感程度不完全相同，一般是越年幼的仔猪发病率越高，病情越重，死亡率越高；猪口蹄疫多发生于秋末、冬季和早春，尤以春季达到高峰，但在大型猪场及生猪集中的仓库，一年四季均可发生；本病常呈跳跃式流行，主要发生于集中饲养的猪场、仓库，城郊猪场及交通沿线；畜产品、人、动物、运输工具等都是本病的传播媒介。

3. 临床症状

以蹄部水疱为特征，体温升高，全身症状明显，蹄冠、蹄叉、蹄踵发红、形成水疱和溃烂，有继发感染时，蹄壳可能脱落；病猪跛行，喜卧；病猪鼻盘、口腔、齿龈、舌、乳房

（主要是哺乳母猪）也可见到水疱和烂斑；仔猪可因肠炎和心肌炎死亡。

4. 剖检病变

病理变化可见咽喉、气管、支气管和胃黏膜有烂斑或溃疡，肠黏膜有出血性炎症，仔猪死亡后可见心包膜有点状出血，心肌切面有灰白色或淡黄色斑点或条纹，好似老虎皮上的斑纹，故称“虎斑心”。隐性感染猪突然发病死亡，并不表现明显的临床症状，但剖检可见心脏呈“虎斑心”病变。

5. 防治措施。

（1）扑杀病畜及染毒动物。扑杀动物的目的是消除传染源，病毒是最主要的传染源，其次是隐性感染动物和牛、羊等持续性感染带毒动物。疫情发生后，可根据具体情况决定扑杀动物的范围，扑杀措施由宽到严的次序可为病畜→病畜的同群畜→疫区所有易感动物。

（2）免疫接种。口蹄疫是国家要求强制免疫的疫病。目的是保护易感动物，提高易感动物的免疫水平，降低口蹄疫流行的严重程度和流行范围。现行油佐剂灭活疫苗的注射密度达80%以上时，能有效遏制口蹄疫流行。疫苗接种可分为常年计划免疫、疫区周围环状免疫和疫区单边带状免疫。实施免疫接种应根据疫情选择疫苗种类、剂量和次数。

（3）限制动物、动物产品和其他染毒物品移动。目的是切断传播途径。小到一个养猪户，大到一个国家，要想保持无口蹄疫状态，必须对上述动物和物品的引入和进口保持高度警惕。疫区必须有全局观念，其易感动物及其产品运出是疫情扩散的主要原因。

（4）动物卫生措施。疫区除对场地严格消毒外，还要关闭与动物及产品相关的交易市场。

（5）流行病学调查。包括疫源追溯和追查易感动物及相关产品外运去向，并对之进行严密监控和处理。

（二）猪瘟

1. 病原

猪瘟病毒。

2. 流行特点

病毒存在于病猪的血液、肌肉以及各种内脏中。各个品种的猪，不分年龄，一年四季都可发生，传播快，死亡率达99%。

3. 临床症状

猪瘟潜伏期为2日，一般为3～10日，长的达20日左右。发病过程可分最急性型、急性型和慢性型三种。

最急性型：突然死亡，死前无明显症状。

急性型：体温高达40.5℃～42℃，寒战，喜钻垫草，眼睛流出黏脓样分泌物。腹部以下及四肢内侧皮肤上常有红点或红斑，指压不褪色。公猪包皮内积尿，尿液呈白色混浊，母猪阴户处有点状出血点。口角、齿龈等黏膜处可见出血点。粪便如球，附带黏液或伪膜。有时便秘与腹泻交替发生。

慢性型：体温时高时低，病程长达一个月之久，消瘦，拉稀不止，耳朵、尾尖和四肢皮肤上出现坏死，甚至变干脱落。

4. 剖检病变

皮肤、喉头、膀胱、心外膜、胆囊有出血斑点；淋巴结充血、出血；脾脏边缘有突出于表面的黑红色斑块；肾脏颜色变淡呈泥土色，表面有针尖大小出血点；大肠黏膜有溃疡。慢性最显著的是直肠、大肠黏膜上呈纽扣状溃疡。

5. 防治措施

一是预防：按照科学的免疫程序，适时给猪接种疫苗，仔猪30日龄左右注射1次，60日龄后再注射1次。母猪在配种前注射1次，以后每年免疫1次。切断传染病，发现猪瘟应扑杀、高温或深埋处理。二是治疗：除早期注射用大量猪瘟血清外，目前尚无可靠的治疗方法。

（三）猪繁殖与呼吸综合征

1. 病原

猪繁殖与呼吸综合征病毒引起的一种猪的高度接触性传染病。

2. 流行特点

呈地方流行性，各种品种、不同年龄和用途的猪均可感染，但以妊娠母猪和1月龄以内的仔猪最易感。患病猪和带毒猪是本病的重要传染源。主要传播途径是接触感染、空气传播和精液传播，也可通过胎盘垂直传播。

3. 临床症状

体温升高至40℃～41.5℃，出现个别猪只突然死亡；病猪呼吸困难，喜伏卧，部分猪出现严重的腹式呼吸，气喘急促，有的表现喘气或呈不规则呼吸；部分患猪流鼻涕，打喷嚏，咳嗽，眼分泌物增多，出现结膜炎症状；部分猪伴有腹泻。病猪耳后耳缘发绀、腹下和四肢末梢等身体多处皮肤有斑块状、呈紫红色，多数发病猪在腿部有小型扣状的溃疡或结痂。

4. 剖检病变

淋巴结出血、水肿。呼吸道和肺脏损伤严重。消化道出血溃疡比较常见。肾脏有比较显著的损伤。肝脏表面有灰白色坏死斑。

5. 防治措施

尚无有效治疗途径，主要使用猪繁殖与呼吸综合征疫苗预防该病发生。市场上经过批准的疫苗有弱毒苗和灭活疫苗两种，在使用弱毒疫苗进要极为慎重，一般只是要求在发生过的区域实行免疫接种。

（四）猪伪狂犬病

1. 病原

猪伪狂犬病是由病毒引起的一种急性传染病，多种家畜和野生动物都可以感染，以猪感染最为普遍，损失也最严重。

2. 流行特点

伪狂犬病的发生具有一定的季节性，多发生在寒冷的季节，但其他季节也有发生。在猪场，伪狂犬病毒主要通过已感染猪排毒而传给健康猪，另外，被伪狂犬病毒污染的工作人员和器具在传播中起着重要的作用。而空气传播则是伪狂犬病毒扩散的最主要途径。在猪群中，病毒主要通过鼻分泌物传播，另外，乳汁和精液也是可能的传播方式。

3. 临床症状

幼龄猪感染伪狂犬病毒后病情最重。仔猪体温上升达41℃以上，精神极度委顿，痉挛，呕吐，腹泻，极少康复。成年猪一般为隐性感染，若有症状也很轻微，易于恢复。主要表现为发热、精神沉郁，有些病猪呕吐、咳嗽，一般于4～8天内完全恢复。怀孕母猪可发生流产、产木乃伊胎儿或死胎，伪狂犬病的另一发病特点是表现为种猪不育症。此外，公猪感染伪狂犬病毒后，表现出睾丸肿胀、萎缩，丧失种用能力。

4. 剖检病变

伪狂犬病毒感染一般无特征性病变。眼观主要见肾脏有针尖状出血点，其他肉眼病变不明显。可见不同程度的有黏液性的胃炎和肠炎，中枢神经系统症状明显时，脑膜明显充血，脑脊髓液量过多，肝、脾等实质脏器常可见灰白色坏死病灶，肺充血、水肿和坏死点。子宫内感染后可发展为溶解坏死性胎盘炎。

5. 防治措施

没有有效的治疗方法，前期靠预防为主。后备猪应在配种前实施至少 2 次伪狂犬疫苗的免疫接种，经产母猪应根据本场感染程度在怀孕后期（产前 20 ~ 40 天或配种后 75 ~ 95 天）实行 1 ~ 2 次免疫。哺乳仔猪免疫根据本场猪群感染情况而定。疫区或疫情严重的猪场，保育和育肥猪群应在首免 3 周后加强免疫 1 次。

（五）猪圆环病毒病

1. 病原

由猪 2 型圆环病毒引起猪的一种新的传染病。

2. 流行特点

本病一年四季均可发生，主要危害断奶后 2 ~ 3 周的仔猪。病毒可随粪便和鼻腔分泌物排出体外，经消化道传播，也可能经胎盘垂直传染仔猪，呈地方性流行时，发病率和死亡率均较低，但急性爆发时，发病率可达 50%，病死率达 20% ~ 30%。

3. 临床症状

主要感染 8 ~ 13 周龄猪，其特征为体质下降、消瘦、腹泻、呼吸困难，仔猪出现皮肤病变，即在背部、耳根部甚至腹部出现大量红色、紫红色斑点，这些斑点一般向外突起，质地较硬，黄疸、淋巴结肿大。有时还会出现发热或腹泻症状。

4. 剖检病变

全身淋巴结肿大，特别是腹股沟淋巴结、纵隔淋巴结、肺门淋巴结、肠系膜淋巴结及颌下淋巴结肿大。肺脏肿胀、坚硬或似橡皮，严重的肺泡有出血斑，有的肺尖叶和心叶萎缩或实质性病变，肝脏发暗，萎缩，肝小叶间结缔组织增生，脾脏异常肿大，呈肉样变化，肾脏水肿，呈灰白色，被膜下有时有白色坏死灶，胃的食管部黏膜表现为水肿和非出血性溃疡，回肠和结肠段肠壁变薄，盲肠和结肠黏膜充血和出血。

5. 防治措施

无有效的治疗方法，抗生素的应用和良好的管理有助于解决病猪同时感染细菌的问题。接种猪圆环病毒2型灭活疫苗可以有效预防该病发生。一般圆环病的发生需要其他病菌混合感染才得诱发临床症状。因此加强饲养管理，做好猪场猪瘟、猪伪狂犬病、猪细小病毒病、气喘病和蓝耳病等疫苗的免疫接种，确保胎儿和吮乳期仔猪的安全是关键。

（六）猪流行性腹泻

1. 病原

由猪流行性腹泻病毒引起的一类急性肠道传染病。

2. 流行特点

病猪是主要传染来源，感染途径主要为消化道。各种年龄均易发病，发病率可达100%，母猪发病率则为15%～90%。哺乳仔猪受害严重，病死率50%。本病4～5周可传遍全群，但其传播常有自限性。流行季节主要在冬季，也可发生于夏季。

3. 临床症状

病猪表现呕吐，迅即出现水泻。1周龄的仔猪，常在腹泻3～4天后严重脱水死亡。断奶猪及肥育猪常表现出委顿、厌食，腹泻持续1周后逐渐恢复。成年猪可能仅见呕吐与厌食。病猪体温正常或稍高。

4. 剖检病变

肉眼观察该病变与传染性胃肠炎极其相似，不易区别。

5. 防治措施

发病后抗生素治疗无效，主要加强护理及对症治疗，可减少死亡，促进康复。对病猪立即隔离，暂停喂乳、喂料，给予口服补盐液（氯化钠 3.5g、碳酸氢钠 2.5g、氯化钾 1.5g、葡萄糖 20g，加温水 100mL）。根据脱水程度及体重大小，按每日每千克体重 50～130mL，分次自饮或灌服。同时保持使用收敛、止泻剂对症治疗及抗生素药物防止继发感染。同时保持圈舍温度，彻底清除粪尿、垫草，碱水消毒圈舍、工具及车辆。

（七）猪轮状病毒病

1. 病原

呼肠孤病毒科、轮状病毒属的猪轮状病毒。对外界环境和理化因素的抵抗力较强。它在 18℃～20℃的粪便和乳汁中，能存活 7～9 个月；在室温中能保存 7 个月；加热 60℃时，需 30 分钟才能存活，但在 63℃条件下，30 分钟即可失活；在 pH 在 3～9 较稳定。

2. 流行特点

本病多发生于晚秋、冬季和早春，呈地方性流行。可感染各种年龄的猪，感染率最高达 90%～100%。病猪和带菌猪是本病的主要传染来源，但人和其他动物也可散播本病。轮状病毒主要存在于病猪及带毒猪的消化道，随粪便排到外界环境后，污染饲料、饮水、垫草及土壤等，经消化道途径使易感猪感染。

3. 临床症状

突然呈现水样或糊状样腹泻。腹泻持续 3～4 天，发病猪多为 2～8 周龄的仔猪，病的严重程度与死亡率与猪的发病年龄有关，日龄越小的仔猪，发病率越高，发病率一般为 50%～80%，病死率一般为 1%～10%。

4. 剖检病变

特征性病变主要位于胃肠道，其中以小肠的变化最明显，而胃的变化多是由小肠病变所累。眼观，胃壁迟缓，扩张，膨大，胃内充满凝乳块和乳汁。这是胃内容物后送障碍所引起的。肠道胀气，肠内容物呈棕黄色水样液及黄色凝乳样物质，肠壁菲薄半透明；有时见小肠发生弥漫性出血，肠内容物淡红色或灰黑色。肠系膜淋巴结充血、肿大，多呈浆液性淋巴结的变化。

5. 防治措施

目前无特效的治疗药物，以预防为主，接种猪传染性胃肠炎—轮状病毒二联弱毒苗疫苗，同时加强饲养管理，提高母猪和乳猪的抵抗力；在本病流行的地区，母猪多曾被感染而获得了一定的免疫力，因此，要尽快令新生猪早吃初乳，接受母源抗体的保护，以减少发病和减轻病症。

（八）猪流行性感冒

1. 病原

猪流感由甲型流感病毒引发的疫病，通常爆发于猪之间，传染性很高但通常不会引发死亡。

2. 流行特点

秋冬季属高发期，但全年可传播。各个年龄、性别和品种的猪对本病毒都有易感性。本病的流行有明显的季节性，天气多变的秋末、早春和寒冷的冬季易发生。本病传播迅速，常呈地方性流行或大流行。本病发病率高，死亡率低（4% ~ 10%）。病猪和带毒猪是猪流感的传染源，患病痊愈后猪带毒 6 ~8 周。

3. 临床症状

本病潜伏期很短，几小时到数天，自然发病时平均为 4 天。发病初期病猪体温突然升高至 40. 3℃ ~41. 5℃，厌食或食欲废绝，极度虚弱乃至虚脱，常卧地。呼吸急促、腹式呼吸、阵发性咳嗽。从眼和鼻流出黏液，鼻分泌物有时带血。病猪挤卧在一起，难以移动，触摸肌肉僵硬、疼痛，出现膈肌痉挛，呼吸顿挫，一般称这为打嗝儿。如有继发感染，则病势加重，发生纤维素性出血性肺炎或肠炎。母猪在怀孕期感染，产下的仔猪在产后2~5天发病很重，有些在哺乳期及断奶前后死亡。

4. 剖检病变

剖检可见喉、气管及支气管充满含有气泡的黏液，黏膜充血，肿胀，时而混有血液，肺间质增宽，淋巴结肿大，充血，脾肿大，胃肠黏膜有卡他出血性炎症，胸腹腔、心包腔蓄积含纤维素物质的液体。

5. 防治措施

本病无特殊药物，只有采用对症治疗的药物来减轻病情，避免继发感染的发生，同时注意及时取暖保温。15%盐酸吗啉胍（病毒灵）注射液，按猪体重每千克用25mg，肌肉注射，每日2次，连注2天；30%安乃近注射液，按猪体重每千克用30mg，肌肉注射，每日2次，连注2天。

（九）猪传染性胃肠炎

1. 病原

由猪传染性胃肠炎病毒引起住的一种急性肠道传染病。

2. 流行特点

全年都可发生，但以寒冷季节（冬季、早春）和产仔季节发病最多。各种年龄的猪均可感染。病猪和带毒猪是本病的主要传染源，它们通过粪便、呕吐物、乳汁、鼻分泌物以及呼出气体排泄病毒，污染饲料、饮水、空气等，通过消化道和呼吸道而传染，传播速度很快。50%左右康复猪带毒排毒达2~

8 周。10 日龄以内的仔猪死亡率较高，断奶、肥育猪和成年猪发病后都为良性经过。呈散发性或流行性，

3. 临床症状

潜伏期很短，一般为 12～18 小时。传播迅速。仔猪发生呕吐，继而发生频繁水样腹泻，粪便黄色、绿色或白色。病猪极度口渴，明显脱水，体重迅速减轻。日龄越小，病程越短，病死率越高。病程短的可在 48 小时内死亡。长的可延续 5～7 日。成年猪症状轻重不一，有的症状不明显，有的表现为食欲不振、呕吐、腹泻。

4. 剖检病变

尸体脱水明显，胃底黏膜轻度充血，仔猪胃内充满凝乳块。肠壁变薄，内充黄绿色或灰白液体，含有气泡。小肠系膜淋巴管内缺乏乳糜。将空肠剪开，用生理盐水冲掉肠内容物，平铺在玻璃平皿内，加少量生理盐水，低倍显微镜观察，可见到空肠绒毛变短、萎缩及上皮细胞变性、坏死和脱落。

5. 防治措施

怀孕母猪在产前 25～30 天，每头后耳穴注射猪传染性胃肠炎灭活苗 3mL，仔猪可通过吃母乳获得被动免疫效果。初生仔猪每头后耳穴注射 0.5～1mL 本病毒灭活苗，10～15kg 猪每头注射 2mL，50kg 以上猪每头注射 3mL，都能获主动免疫。对于患病初期的病猪，用链霉素万 30 万～50 万单位、庆大霉素 4 万～8 万单位，混合溶解后灌服，每天 2 次，连服 2～3 天；按仔猪每千克体重用诺氟沙星散 0.3～0.5g，温水溶解后灌服，每日 2 次，连服 2～3 天。

三、寄生虫病

猪的寄生虫病散布很广，对养猪生产的发展有很大的影响。某些寄生虫严重地影响幼猪的生长和发育。如患严重的蛔

虫病的仔猪比正常的仔猪增重低 30%。疥螨病不仅影响猪的生长发育而且还影响皮革的质量。此外，还有猪囊虫病、猪弓形体病等人畜共患寄生虫病。为促进养猪事业的发展，应定期进行预防性驱虫，以控制和消灭猪的寄生虫病。

（一）猪蛔虫病

猪蛔虫病是由蛔虫寄生于猪小肠而引起的一种寄生虫病，主要危害 2 ~ 6 月龄的猪，阻碍生长发育，严重的可引起死亡。

1. 虫体特征

猪蛔虫是一种大型的线虫，体长而圆，像蚯蚓一样，两端尖细。雄虫长 12 ~ 25cm，雌虫长约 30 ~ 35cm。

2. 临床症状

幼虫在肺内停留期间能引起肺炎，体温升高，咳嗽，食欲减退。成虫寄生在消化道，则引起肠炎、消化不良、消瘦。成虫钻入胆管，能引起急性死亡。

3. 预防

猪舍经常保持清洁卫生，定期驱虫，春秋两季各驱虫一次。

4. 治疗

使用盐酸左旋咪唑注射液，每 5kg 体重 1mL，一次性肌肉注射。或使用盐酸左旋咪唑片剂，每 5kg 体重喂 2 片，一次性研碎，拌在料中喂完。

（二）猪囊虫病

猪囊虫病是由猪带绦虫（即有钩绦虫）的幼虫猪囊虫（即猪束尾蚴）寄生于猪体而引起的一种寄生虫病。

1. 虫体特征

猪带绦虫呈乳白色，长条形，长 2 ~ 4m，由 900 个左右的节片组成，头节上有 4 个吸盘和 1 个顶突，还有两排角质小钩。每个妊娠节片中含虫卵 3～4 万个。猪的有钩绦虫的幼虫寄生于猪体肌肉内，虫体呈半透明的囊泡状，米粒至黄豆大，囊泡内充满液体，在束壁上可见小白点。

2. 临床症状

根据囊虫寄生部位不同，表现症状也不一样：囊虫寄生在肌肉，可见局部肿胀；寄生在脑部，可出现癫痫、痉挛；寄生于四肢，可出现跛行；寄生于喉头附近肌肉，叫声嘶哑；寄生于咬肌，可见咀嚼困难。病猪出现下痢、水肿、贫血等症状。

3. 预防

猪舍建筑与厕所分开。猪肉经冷冻和盐腌后，必须高温处理。做好绦虫病防治，消灭绦虫卵。

（三）猪肺丝虫病

猪肺丝虫病是由后圆科的长刺、短阴和萨氏后圆线虫三种线虫寄生于猪支气管内所引起的线虫病。

1. 虫体特征

虫体为白色丝状，雄虫长 12～26cm，雌虫长 33～55cm。

2. 临床症状

病猪体温不高，咳嗽，流出白色分泌物，呼吸急迫，食欲减退，消瘦。仔猪患病率高。

3. 预防

仔猪圈养，不要散养、放牧。定期驱虫。

4. 治疗

使用盐酸左旋咪唑注射液，每 5kg 体重注射 1mL，一次性肌肉注射。

（四）猪棘头虫病

猪棘头虫病是由猪巨吻棘头虫寄生于猪小肠内所引起的疾病。

1. 虫体特征

虫体呈灰白色，前端粗大，后端较细，表面有明显的线状皱纹，头端的吻头突上有向后弯曲的钩。雄虫长7～15cm，雌虫长30～68cm。

2. 临床症状

病猪表现弓背腹痛，常有拉稀带血。肠溃疡穿孔时，体温升高，不愿站立。

3. 预防

不要用烂草等垫圈。

4. 治疗

阿苯达唑250mg 用法：按1kg体重5mg，一次喂服。

四、中毒

（一）食盐中毒

是由于食盐饲喂过多或饲喂不当而引起的消化道炎症和脑组织的水肿、变性以及神经症状和消化紊乱为特征的中毒病。

1. 病因

在饲料中过量添加食盐以及长期或突然喂了过量含盐较高的咸菜、咸鱼、咸肉汤、酱渣、菜卤等而引起中毒。

2. 诊断

（1）症状。表现渴感增加。绝大多数病猪呈现神经症状，癫痫样发作，转圈，步行不稳，向前盲目行走或后退。严重时瞳孔放大，呼吸困难，全身肌肉痉挛，磨牙，最后倒地昏迷，在发病后1～2天内死亡。

（2）病理变化。有胃肠炎的变化。脑脊髓各部有不同程度的充血和水肿，尤其是急性病例的软脑膜和大脑实质最为明显。切片检查显示软脑膜和大脑皮层充血、水肿。

（3）实验室检查。必要时可取肝、胃、小肠和脑进行氯化钠含量测定。

3. 防治

（1）预防。控制日粮中盐的含量。在用泔水、咸鱼、酱渣喂猪时，要注意不能过量，控制盐分，同时给予充足的清洁饮水。

（2）治疗。对轻症者，可灌服大量淡水。在痉挛和癫痫时可应用镇静剂（如苯巴比安等）。急性中毒开始阶段，应严格控制给水，以防止食盐吸收和扩散，使症状加剧。

采取补液疗法：用 1000mL 5% 葡萄糖液加入适量的钾和钙，进行补液。

对症疗法：以防止心衰和肺水肿可应用安钠咖及利尿剂（如呋塞米）；为促使镇静和镇痉，可应用盐酸氯丙嗪、安定等。

（二）亚硝酸盐中毒

亚硝酸盐中毒又称饱潲症，是猪吃了调制不当的青绿饲料而引起的急性中毒病。多发生于吃饱后不久。

1. 病因

猪吃了焖煮过或堆积腐烂的青绿饲料（如青菜、白菜、萝卜叶、卷心菜、莴笋叶、牛皮菜及瓜藤叶等）而引起中毒。原因是对这些饲料处理不当（如煮后在铁锅或容器内闷放时间过长），由于细菌的作用，使硝酸盐还原而放出一部分氧，形成亚硝酸盐。

2. 诊断

（1）症状。常在采食后的 15 分钟至数小时出现症状。最急性仅稍显不安，站立不稳，即倒地而死。急性病例出现不安、转圈、呼吸困难、全身发绀以及躯体末梢厥冷；口唇皮肤初呈灰白色，后变乌紫色；四肢无力，走路摇摆，痉挛，挣扎。最后衰竭倒地而死。

（2）病理变化。血液凝固不良，血色呈酱油色。各脏器的血管瘀血。胃肠道有不同程度的充血和出血，黏膜易脱落，肠系膜淋巴结轻度出血。肺充血，气管和支气管黏膜充血、出血，管腔内充满带红色的泡沫状液。心外膜、心肌有出血斑点。

（3）实验室检查。可取胃肠内容物作亚硝酸盐检验或取血液作变性血红蛋白检查。

3. 防治

（1）预防。青绿饲料宜生喂，不要煮熟，更不能闷在锅内过夜。不要喂堆积发热腐烂的蔬菜和瓜藤。

（2）治疗。1%美兰溶液，每千克体重0.2～0.4mL，肌肉或配合高渗葡萄糖静脉注射。甲苯胺盐，每千克体重5mL，内服。同时配合应用维生素C，每千克体重10～20mg。还可用20%硫代硫酸钠30mL，静脉注射。

对症疗法：如呼吸促迫，则可用0.1%盐酸肾上腺素溶液0.2～0.6mL，肌肉注射；心脏衰弱，可肌肉注射10%安钠咖5～10mL。

五、微量元素和矿物质缺乏病

（一）仔猪贫血

仔猪贫血是以缺铁为主的造血物质的缺乏所致的仔猪营养代谢病。在集体人工饲养条件下的仔猪最易患此病，其发病率可达30%～50%，死亡率达15%～20%。

1. 病因

由于母乳缺铁，新生仔猪的铁贮存量也少。单纯以母乳为食而又不及早补料的仔猪；集体人工饲养在水泥地面或硬木板的圈舍内仔猪，生长迅速而铁供应不足的仔猪，都容易患缺铁性贫血。

2. 症状

本病主要发生在3周龄左右的仔猪，10月龄后的很少发生。患病仔猪食欲减退，被毛粗乱，白猪则被毛发黄，大多腹泻，生长率降低。稍有运动后心跳及呼吸就显著加快，可视黏膜苍白。

3. 防治

（1）设置小块放牧地或土地运动场，使产后母猪和仔猪每天能适当运动和放牧。

（2）舍饲仔猪必须补充铁质直至断奶。可补喂铁的化合物，如硫酸亚铁、乳酸亚铁，也可用红壤土（含氧化亚铁）代替。还可在猪栏内放红壤土5kg，内加硫酸亚铁5g，硫酸铜和氯化钴各1g，在仔猪开始采食时即应补充。

（3）肌肉注射铁制剂，可选用牲血素、葡萄糖铁钴等注射液，均是防治猪贫血的有效方法。

（二）硒和维生素E缺乏症

本病因饲料中硒和维生素E缺乏而引起。其病型主要有仔猪白肌病、仔猪肝坏死和桑葚心等。

1. 病因

因饲料中硒和维生素E含量不足，可能是其中一种缺乏，亦可是两者都缺乏。饲料单一或饲料营养配合不当的养猪场本病易发生。

2. 诊断

（三）白肌病（营养性肌营养不良）

1. 症状

多发生于20日龄左右的仔猪。患病仔猪一般营养状况良好，常突然发病，尤其体壮者先发病。表现精神不振，食欲减退，呼吸促迫，常突然死亡。病程稍长者，后肢强硬，拱背，行走摇晃，肌肉发抖，步幅短而呈痛苦状，部分仔猪出现转圈运动或头向侧转，最后呼吸困难，四肢衰弱而死亡。

2. 病理变化

剖检可见骨骼肌和心肌肌肉色淡，呈灰白色条纹，膈肌呈放射状条纹，切面粗糙不平，有坏死灶。

（四）肝坏死（营养性肝病）

1. 症状

多发生于3周到4月龄的小猪。急性病例多见于营养良好、生长迅速的仔猪，常突然死亡。病程稍长者，可出现精神不振，食欲减退以及腹泻、呕吐交替发生，还可以出现呼吸困难及脑、腹部皮肤发绀。

2. 病理变化

剖检可见皮下组织和内脏黄染，急性病例肝呈紫黑色，肿大1~2倍，肝易碎，呈豆腐渣样。

（五）桑葚心

1. 症状

患病仔猪常突然死亡，有的病猪皮肤出现不规则的紫红色斑点，多见于四肢内侧，有时遍及全身。

2. 病理变化

剖检可见心肌斑点状出血，心内、外膜常呈线状出血，使心脏表面呈紫红色的草莓或桑葚状。肺水肿，体腔内有胶冻状渗出液。

3. 防治

（1）预防。保持日粮中硒的含量不能低于0.1mg/kg；维生素E的需要量，对体重在4.5~14kg的仔猪及怀孕和泌乳母猪，每千克饲料中应含22个国际单位，其他猪每千克饲料中应含11个国际单位。平时应注意青绿饲料和精饲料的合理搭配和有关添加剂的应用。

（2）治疗。亚硒酸钠维生素E注射液，肌肉注射，剂量1~3mL（每毫升含硒1mg、维生素E 50国际单位）；0.1%亚硒酸钠，皮下或肌肉注射，每次2~4mL，隔20日再注射1次。配合应用维生素E 50~100mg肌肉注射，效果更好。

六、产科疾病

（一）阴道炎

阴道炎是由于阴道黏膜损伤和感染所引起的疾病。

1. 病因

产后过度疲劳，配种、难产、助产不当导致阴道内黏膜受损，致使链球菌、葡萄球菌、大肠杆菌等细菌感染而引起。

2. 症状

母猪常作排尿姿势，有时阴门流出白色黏液或脓样液。严重时，引起全身症状。

3. 治疗

冲洗阴道，使用0.1%高锰酸钾水。消除炎症，使用青霉素160万单位、链霉素100万单位、0.9%氯化钠注射液5~10mL，稀释后一次肌肉注射，每日2次。

（二）子宫内膜炎

子宫内膜炎是因子宫内膜发生炎症而引起的疾病，致使母猪发情不正常，或虽发情，但屡配不孕。

1. 病因

母猪在产仔过程中，因难产、助产消毒不严、损伤产道和子宫黏膜，引起链球菌、葡萄球菌、双球菌等感染和发病。

2. 症状

产后不吃食，体温升高，阴道内流出黄白色或褐色脓臭分泌物，严重时可引起败血症或脓毒症。慢性子宫内膜炎可致病猪发情不正常，屡配不孕。

3. 防治

母猪临产时要严格消毒圈舍和畜体，以防感染。消除炎症，使用青霉素 240 万单位、0.9% 氯化钠注射液 10mL，一次肌肉注射，每日 2 次。或复方磺胺嘧啶钠注射液 20mL，一次肌肉注射，每日 2 次。局部消炎，先用 0.1% 高锰酸钾水反复冲洗子宫黏膜，然后用青霉素 160 万单位，加注射用水 50mL 稀释注入子宫内。为促进子宫收缩、排出炎症渗出物，使用缩宫素注射液 2 ~4mL，一次肌肉注射。

（三）母猪瘫痪

母猪瘫痪是以产前、产后，四肢运动机能消失或减弱为特征的一种疾病。

1. 病因

母猪缺乏钙、磷或钙、磷比例失调以及缺乏维生素等。

2. 症状

在产前数天突然发生，肌肉颤抖，起立、步行困难，前肢爬行，后肢摇摆，驱赶时有尖叫声，渐渐卧地不起。在产后发病的，食欲减少或废绝，然后四肢逐渐麻木，不能站立，卧地不起，四肢和全身发凉。

3. 防治

对怀孕母猪，合理搭配饲料，增加一些骨粉、蛋壳粉、食盐等。

4. 治疗

使用维丁胶性钙注射液 6mL，维生素 B_1 500mg 混合，行肌肉注射，每日一次。或用 10% 葡萄糖酸钙注射液 50mL，一次静脉推注，每日一次，连用 3 ~ 5 天。体质衰弱、低糖时，使用 10% 葡萄糖注射液 500mL、50% 葡萄糖 40mL、10% 葡萄糖酸钙 40mL，混合一次静脉滴注。同时使用维生素 D 250 国际单位效果更佳，治疗用间隔两周重复使用 1 次；预防每半年使用 1 次。

（四）阴道脱出

1. 病因

母猪常见于临产前。因饲养管理不当、怀孕期运动不足、固定阴道的肌肉组织与结缔组织松弛、腹压增高及过度努责而引起发病。目前在临床上常见到后备小母猪发生阴道脱出现象，尤其是初次发情之后多见。

2. 症状

可分为部分脱出和全部脱出两种。部分脱出时猪睡下看到阴门张开，黏膜外露，站立时脱出部分可以自行收回；完全脱出时整个阴道呈球状外翻于阴门之外，不能自行缩回，表现水肿、瘀血、发炎。

3. 防治

一是单独饲养，圈舍保持清洁卫生；二是对于部分阴道脱出的小母猪，为防止感染，使用 2% 明矾水冲洗，每日一次，待配种怀孕后可自然恢复正常；三是对于阴道完全脱出的猪，为防止感染，使用 2% 明矾水冲洗干净后，用手推送原处，并加以阴门缝合固定。以后观察阴门肿胀情况，肿胀消失方可拆线。

八、猪场的责任制与管理

猪群是否健康是经营猪场成败的关键。要减少猪疾病的发生，充分发挥其生产性能，从而提高猪场效益，均有赖于对防疫管理与责任制的建立，才能保证不会因大量猪只病死而带来巨大的经济损失。

(一) 猪场卫生防疫管理

1. 严格消毒

猪场、生产区门口及猪舍进出口应修建人、车消毒池。饲养员应限制外出或回家，上班时更换工作衣鞋并经紫外光及消毒池消毒。外来人员出入严格批准手续，允许入内时须经消毒更衣，并限定行径范围。

2. 杜绝疫病传入

猪场经营强调自繁自养，肉猪场应有自己的种猪群保证种源。必须引种时应到无病场购买，运回后隔离观察半个月以上，经检疫及消毒后方能进入生产舍。生产区门外修建待售猪舍，严禁猪贩及屠夫进入生产区。

3. 创造良好的生活环境

兽医应组织对圈舍、用具、猪体及环境的经常性清理消毒及空圈的彻底冲洗消毒。饲养员应调教猪只定点排泄粪尿，并每日除粪堆积发酵。猪舍内应保持清洁、干燥、通风、保暖及适当调整饲养密度，减少各种应急刺激，给猪创造一个适宜的生活环境。

4. 处理病死猪尸体

病死猪运送有密闭包装，检验后均应经蒸煮、坑埋或焚烧等严格处理。

5. 灭害防病

猪场应经常性灭鼠、灭蚊蝇，并严禁狗、猫等入场。

(二) 经常性检疫

猪场必须根据本场的实际情况制定出保健防疫计划。包括日常兽医临床诊断治疗，定期的粪便检查等监测，病死猪尸体及屠体的病理检查及必要的病原分离培养等。尸体的病理检查简单、可靠、面广，是提供猪场疾病情况的主要方法。应争取将所有病死猪只运至尸检室剖检，必要时配合其他诊断，并保证尸体的无害化处理。猪场应每年 2 ~4 次或每个生产周期一次，组织屠体检查，在淘汰种猪及出售肉猪前与屠场联系，派有经验的兽医前往进行屠体检查与记录。

（三）猪场清洗与消毒

1. 清洗

猪场环境存在的各种有机物会阻碍消毒剂发挥杀菌作用或使其效力减弱，故消毒前的冲洗十分必要，且有效冲洗本身即可清除 90% 的细菌。高压冲水器是有效的冲洗工具。

2. 消毒药物选择

理想的消毒药物应为广谱、高效、低毒、无腐蚀性，使用方便及价格低廉。事实上很难有完美的产品供市。实践上常常根据消毒目的、对象、条件及消毒药的特征，扬长避短，不同情况下选用不同的消毒药。氢氧化钠、福尔马林、过氧乙酸及漂白粉等强力消毒剂适合空圈、多层消毒及疫病后的紧急消毒。来苏水、复合酚、氢氧化钠等受有机物影响较小，适合灌注消毒池。低毒无腐蚀性的消毒物，如来苏尔、复合酚、抗毒威、新洁尔灭及低浓度的过氧乙酸，适合于经常性的带猪消毒。

3. 消毒程序

猪场、生产区及猪舍门口的消毒池是防御疫病的重要防线，进出人员更换衣、鞋后均应踩池消毒。池内药液应每日更换，否则易于失效。

猪舍圈栏及猪体消毒至少每周一次，选用数种杀菌力强的低毒消毒药轮流使用，以防止耐药性的产生。经常用来苏尔喷雾猪体，对猪气喘病有防治作用。

猪舍应采取“全进全出”或分区“全进全出”，每年应进行2～3次空圈消毒。其程序为彻底清扫→高压水冲洗→3%碱水喷洒一次，再冲洗并空圈一月待用。

（四）免疫接种及药物预防

1. 免疫接种

按免疫程序给猪接种疫苗是预防猪传染病的重要措施。注射哪些疫苗，注射时间及次数，决定于猪只种类、母源抗体情况、当地疫病情况及疫苗性质。

免疫程序为仔猪通常20～25日接种2个剂量的猪瘟单苗，60～65日龄或断奶去势时接种2个剂量的猪瘟、猪丹毒及猪肺疫三联苗。仔猪30日龄通常应接种副伤寒菌苗一次。种猪每年春秋二季各接种一次三联苗。

2. 药物预防

猪只可以发生众多疾病，其中不少疾病尚无成功的疫苗。因此除各种防病措施外，在疫病好发期或发病场尚未感染的受威胁猪给以药物预防，也是一种重要措施。药物预防常用于仔猪大肠杆菌，仔猪红痢、猪喘气病及其他细菌性传染病。为了防止肠道寄生虫致病，每年春秋二季全群猪各驱虫一次，断奶及新购入猪应驱虫1～2次。为了防止仔猪贫血，出生3日内应注射铁制剂。

（五）猪病的控制与扑灭

猪群一旦发生疫病应立即隔离病猪，猪只停止进出调动，上报疫情并及时诊断治疗病猪及可疑病猪。根据疫病种类采用相应疫苗、血清式敏感药物对假定健康猪进行紧急预防。迅速对猪舍全面消毒后清扫、冲洗，烧毁垫草、除去污物，堆积粪便发酵。清扫后再用适宜消毒药消毒圈舍、用具、车辆。消毒在流行期中应隔日或 3 日一次。病死猪尸体及其废弃物必须深埋或烧毁，不准食用、出售。场内最后一头病猪死亡或痊愈后在一定时间未出现新病例，经过全面清洗与消毒即可恢复正常生产。

第七章　猪场建设与设施设备

第一节　猪场选址与规划布局

一、猪场选址

猪场选址应符合当地养殖业的区域规划要求，满足猪场的生产性质、规模和防疫等需要。同时，还应考虑地形地貌、水源、和气候等自然条件，以及饲料供应、交通运输、周边种植业生产、粪污处理利用等社会条件。

（一）地势和地形

图7－1　猪场场址示意图

猪场地形要求宽阔，面积能与生产规模匹配。地势要求较高、平坦、向阳避风、有缓坡。地势低洼的场地容易积水潮湿，夏季通风不良，空气闷热，冬季则阴冷。地面平坦稍有坡度便于排水，坡度一般在1% ~3%为宜，不得大于25%。

（二）水源

猪场水源要求水量充足、水质良好。同时，要便于取用和进行卫生防护，易于净化和消毒。猪场需水量参见表7－1。

表7－1 猪场需水量

类别	需水量（升/头．天）	
	总需水量	饮用水量
种公猪	40	10
空怀及妊娠母猪	40	12
带仔母猪	75	20
断奶仔猪	5	2
育成猪	15	6
育肥猪	25	6

（三）土质

猪场场地的土质状况对于生猪生产有较大的影响。应选择透气性强、质地均匀、抗压性强的土壤，以沙质土壤最适合，以便雨水迅速下渗。土壤中许多病原微生物可存活多年，很难彻底消毒，土壤一旦被污染，其危害性多年都难以消除。因此，选址时应避免在旧猪场场址或其他畜牧场的场地上重建或改建。

（四）交通条件

综合考虑猪场建成后产品及饲料等进出运输要求，选址既要满足交通方便，又必须考虑防疫间距。要求猪场距工厂、学校、村镇及居民区500 ~1 000m以上，且处于下风位置；距主要公路、铁路和河流等500m以上。

二、场区规划

猪场选址后将进行分区规划和各区建筑物的合理布局，为猪场开展高效生产提供保证。根据功能不同，猪场通常分为四个功能区，即生产区、生活区、生产管理区和防疫隔离区。以上各区应按地势高低和夏季主风向依次设置生活区→生产区→生产管理区→防疫隔离区，各区之间应保留 50m 以上的距离。

（一）生产区

包括种猪舍、产仔舍、仔猪保育舍、生长育肥舍、人工授精室等各类猪舍和生产设施，这是猪场中的主要建筑区，一般建筑面积约占全场总建筑面积的 70% ~80%。种猪舍要求与其他猪舍隔开，形成种猪区。在生产区的入口处，应设专门的消毒通道（间）或消毒池，以便进入生产区的人员和车辆进行严格的消毒。

（二）生活区

包括办公室、接待室、财务室、食堂、宿舍等，这是管理人员日常生活的地方，应单独设立。一般设在生产区的上风向，或与风向平行的一侧。此外猪场周围应建围墙或设防疫沟，以防兽害和避免闲杂人员进入场区。

（三）生产管理区

包括猪场生产管理必需的附属建筑物，如饲料加工车间、饲料仓库、修理车间，变电所、锅炉房、水泵房等。它们和日常的饲养工作有密切的关系，所以这个区应该与生产区毗邻建立。

（四）防疫隔离区

包括病猪隔离舍、兽医室、堆粪场和污水处理（或沼气池）设施等，这些建筑物应远离生产区，设在下风向、地势较低的地方，以免影响生产猪群。

三、建筑物布局

猪场建筑物的布局同样要考虑地势、地形、风向、建筑物的用途及建筑物之间的功能关系。

（一）建筑物位置关系

各功能区内的建筑物应相对集中，整齐排列。生产区内应将种公猪舍、妊娠舍、产仔舍、保育舍和生长育肥舍划分为不同的小区或车间，并按照地势高低和主导风向依次安排位置。种猪舍应设在猪场的上风向，产仔舍既要靠近妊娠舍，又要接近保育舍。生长育肥猪舍应设在下风向，且离出猪台较近。

（二）猪舍朝向

从采光、通风、防暑或保温等方面的环境卫生要求出发，猪舍设计选择南向为最佳。在设计时，使猪舍方向与当地夏季主导风向成30°~60°角，使每排猪舍在夏季得到最佳的通风条件。

（三）猪场主要建筑物之间的间距

出于采光、通风、防火和防疫的需要，猪场主要建筑物之间必须保持一定的间距。在自然通风情况下，建筑物之间的间距为建筑物高度的4~5倍；在机械通风情况下，间距可缩短为建筑物高度的1.5~2倍。

（四）猪场道路设计

猪场内道路要求直且线路短，保证场内各生产环节最便捷的联系。场内道路应分设净道、污道，互不交叉。净道主要用于运送饲料、猪只、生产资料等清洁物品；污道则运送粪便、污物、病猪等赃物。路面要求坚实、排水良好、防滑。主干道路面宽度应达到5~6m，支路2~3m，应设计倒车场。

第二节　猪舍建筑设计

一、猪舍设计的原则

（一）符合不同阶段猪只生理需求

应根据猪对温度、湿度、通风、光照等环境条件的要求设计猪舍。

（二）有利于环境控制和环境保护

搞好温度、湿度、通风、光照等环境控制，为猪只创造适宜的环境条件，最大限度地发挥其生产潜力、减少饲料消耗，提高经济效益。同时，要注重环保设施的建设和环保措施的落实，妥善处置养殖废弃物，防止对周边环境的污染。

（三）简单实用耐用，节约用地

建造猪舍时，既要考虑坚实耐用，又要考虑经济实惠，要充分利用当地的资源，就地取材。同时，通过提高建筑密度，减少占地。

（四）有利于疫病防控

猪舍的墙壁、地面等要满足防疫要求，便于清扫和消毒，有利于控制疫病的传播。

二、猪舍建筑形式

（一）按屋顶形式分类

猪舍屋顶有单坡式、双坡式、联合式、平顶式、拱顶式、钟楼式、半钟楼式等形式。

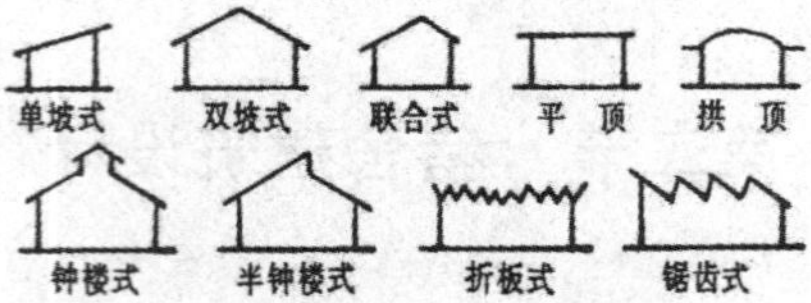

图 7－2　猪舍屋顶的形式

（二）按建筑外围护结构分

1. 开放式猪舍

这种猪舍无任何围墙，只有屋顶和地面。其结构简单，通风采光好，造价低，

但冬季防寒保暖困难。部分猪场安装卷帘，提高防寒保暖性能。

图 7－3　开放式猪舍

2. 半开放式猪舍

猪舍三面有墙，一面设半截墙，略优于开放式。

图 7－4　半开放式猪舍

3. 封闭式猪舍

猪舍屋顶、墙壁等外围护结构完整。分有窗式和无窗式封闭舍。有窗式猪舍窗户的大小、数量和结构应结合当地气候而定。

图7－5　封闭式猪舍

（三）按猪栏排列方式分类

1. 单列式猪舍

猪栏一字排列，一般靠北墙设饲喂走道，舍外可设或不设运动场，跨度较小，结构简单，省工省料造价低，但不适合机械化作业。

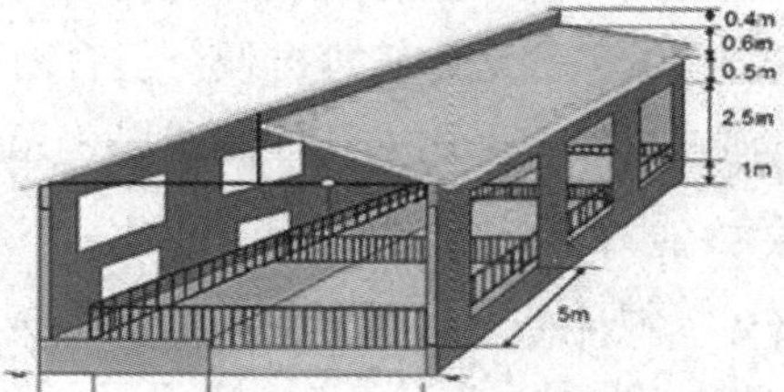

图7－6　单列式猪舍示意图

2. 双列式猪舍

猪栏排成两列，中间设一条工作道，有的还在两边设清粪道。猪舍建筑面积利用率高，保温好，管理方便，便于使用机械。但北侧采光差，舍内宜潮湿。

图7-7　双列式猪舍

图7-8　多列式猪舍

3. 多列式猪舍

猪栏排列成三列以上，猪舍建筑面积利用率更高，容纳猪多，保温性好，运输路线短，管理方便。但舍内阴暗潮湿，通风不畅，必须辅以机械，采用人工控制通风、光照及温湿度。

（四）按功能分类

分为公猪舍、配种舍、妊娠舍、产仔舍、保育舍、生长肥育舍和隔离舍等。

1. 公猪舍

指饲养公猪的圈舍。公猪舍多采用单列式结构，舍内净高2.3~3.0m，净宽4.0~5.0m，并在舍外向阳面设立运动场供公猪运动。

2. 配种舍

指专门为空怀待配母猪进行配种的猪舍，安装有配种栏。

3. 妊娠舍

母猪配种怀孕后集中采用限位栏饲养或群养。舍内安装限位栏或自动化母猪群养系统。地面部分铺设漏缝地板。

4. 产仔舍

指饲养分娩哺乳母猪的猪舍。舍内安装全漏缝产床，仔猪活动区设置保温箱。

5. 保育舍

亦称培育猪舍、断奶仔猪舍或幼猪舍，指饲养断乳仔猪猪舍。舍内安装全漏缝仔猪保育栏，躺卧区有保温板。

6. 生长肥育舍

指饲养肥育猪的猪舍，也称生长肥育猪舍。

7. 隔离猪舍

指对新购入的种猪进行隔离观察或对本场疑似传染病但还具有经济价值的猪只进行隔离治疗饲养的猪舍。

第三节　猪场设施设备

猪场设施设备主要包括猪栏、漏缝地板、温控设备、饲喂设备、饮水和加药设备、防疫和消毒设备、废弃物处理利用设备和其他设备。

一、猪栏

（一）公猪栏

为防止公猪互相咬斗和保证一定的活动空间，公猪要采取单个散养方式。常用的公猪栏的规格长×宽×高为2.4m×3.0m×1.2m。围栏一般用金属栅栏，便于清洁消毒和观察猪群。

图7-9　公猪栏

（二）母猪栏

1. 限位栏

母猪在整个空怀期和妊娠期采用限位栏饲养，其优点是占地面积小，饲喂管理方便，母猪不会因打架、碰撞导致流产；缺点是母猪活动受到限制，运动量不足，对分娩有一定影响。常用的规格长×宽×高为2.2m×0.65m×1.0m。限位栏有后进前出和后进后出两种结构。

图7-10　限位栏

2. 分娩栏

也叫产仔栏、产床，有单体和连体产仔栏。分娩栏中间为母猪限位栏，两侧为仔猪采食、活动、饮水和取暖的地方。以高床全漏缝结构最理想，它对提高仔猪成活率、断奶仔猪个体重有较大的影响。常以两个分娩栏为一组，其规格为长×宽×高：2.2m×3.6m×1.3m。

图7－11　分娩栏

3. 仔猪保育栏

仔猪保育栏多为高床全漏缝地板结构。采用全金属架，配备塑料或铸铁漏缝地板、自动食槽和自动饮水器。常用的规格为长×宽×高：2.2m×1.8m×0.6m。

图7－12　仔猪保育栏

4. 生长育肥栏

常采用全金属围栏或砖墙间隔、金属栏门和半漏缝地板结构，安装有自动饮水器和自动采食槽。

图 7－13　生长育肥栏

目前，部分规模化猪场母猪饲养采用自动化群养管理系统，该系统由自动单体精确饲喂器，自动发情监测器和自动分离器三大部分组成。实现了母猪自动单体精确饲喂、自动发情鉴定、自动分离管理，大大节约了人工。

图 7－14　母猪群养管理系统

二、漏缝地板

为保持猪栏内的卫生，粪沟上多敷设漏缝地板，便于清洁和消毒。

（一）水泥漏缝地板

由水泥和钢筋浇筑而成。这种地板成本较低，牢固耐用，但对制造工艺要求较高。

（二）金属漏缝地板

由生铁铸造或用金属条焊接而成。由于缝隙所占比例较大，便于粪尿下落，不易堵塞，栏内清洁、干燥。

（三）塑料漏缝地板

这种地板采用工程塑料模压制成，安装、拆卸和运输方便，质量轻，耐腐蚀，牢固耐用。适用于保育栏地面和产仔栏仔猪活动区域地面。

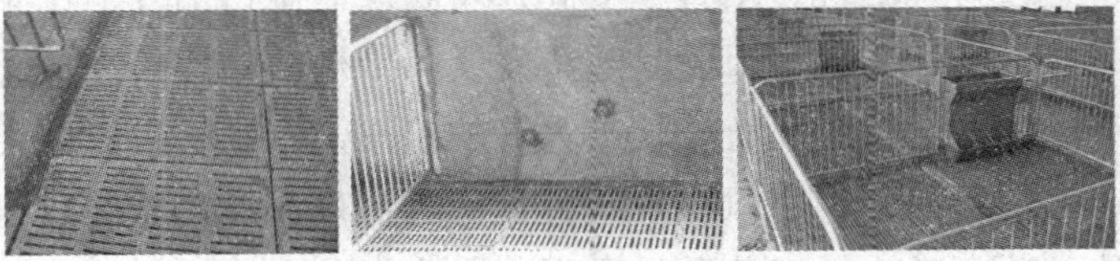

图 7－15　水泥、金属和塑料漏缝地板

三、温控设备

（一）通风降温设备

包括负压风机、湿帘、无动力风帽等。

1. 负压风机

图 7－16　负压风机

负压风机也叫水帘风机或湿帘风机。外框一般用镀锌板或玻璃钢制作而成，也有用不锈钢为基础材料。外形有方形和喇叭形两种。主要部件有外框、集风器、扇叶、轮毂、百叶窗，主要动力为电机，也有用气动马达驱动。规格也很多，按扇叶直径大小不同分：直径 710mm、900mm、1000mm、1250mm、1400mm。按安装外形的不同分为：830mm、1000mm、1380mm、1530mm 等型号。

2. 湿帘

湿帘主要由高分子水帘纸组成，湿纸帘是一种特殊的产品，经过特殊处理，结构强度高，耐腐蚀。湿帘的外框由铝合金或者镀锌板做成，目的是防止生锈。外框的结构是经过精心设计的，上边框里面有安装进水管的卡槽，进水管可以固定在上边框的里面，进水口在中间，水从进水口流入之后经过进水管均匀地向整个纸帘分散。湿帘装在密闭猪舍一端山墙或侧墙上，风机装在另一端山墙或侧墙上。

图 7－17　湿帘

3. 无动力风帽

无动力风帽按装在猪舍屋顶，在自然风的作用下转动，带走舍内的热空气，促进猪舍空气的流通，是一种既经济又环保的通风设备。

图 7－18　无动力风帽

（二）保温设备

猪场供热保温设备大多是针对哺乳仔猪和断奶保育仔猪，分娩舍和保育舍需要安装局部供暖设备，如保温箱、红外线灯、自动恒温电热板等。红外线灯一般选择功率为 250W，并安装温控开关和调节灯具吊挂高度来调节对小猪群的供热量。保温箱一般用玻璃钢制作，规格为长 × 宽 × 高：1.0m × 0.5m × 0.7m，上盖留直径 30 ~ 50cm 圆孔（吊红外线灯取暖），侧面向母猪床方向留 20cm × 20cm 方形式出入口，地面可铺电热板。

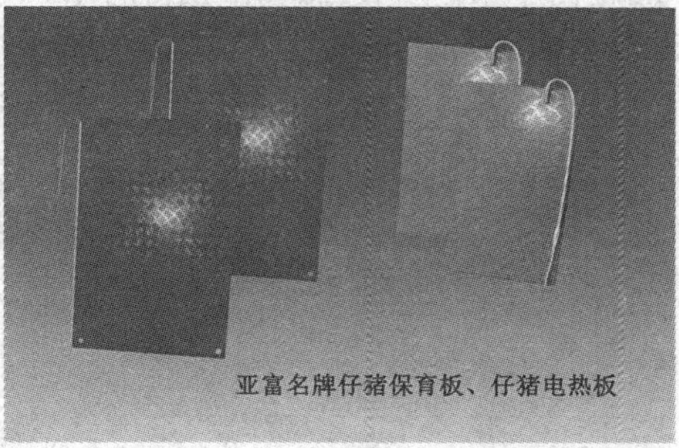

图 7－19　保温箱

图 7－20　电热板

图 7－21　红外线灯

图 7－22　地暖

四、饲喂设备

（一）食槽

食槽是猪场不可缺少的养猪设备，分为乳猪、母猪、育肥猪用食槽。

图 7－23　乳猪、生长育肥猪和母猪食槽

（二）自动喂料系统

规模化猪场饲料的贮存、输送和饲喂不仅费时费力，而且对饲料的清洁卫生有较大的影响。部分规模化猪场选择安装自动喂料系统，极大提高了劳动生产效率。自动喂料系统主要由饲料塔、输送设备、定量杯和控制箱等组成。

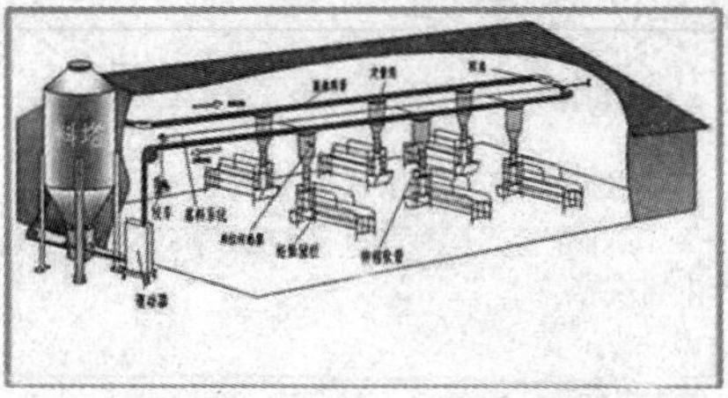

图 7－24　猪场自动喂料系统模拟图

图 7－25　猪场自动化输送料线

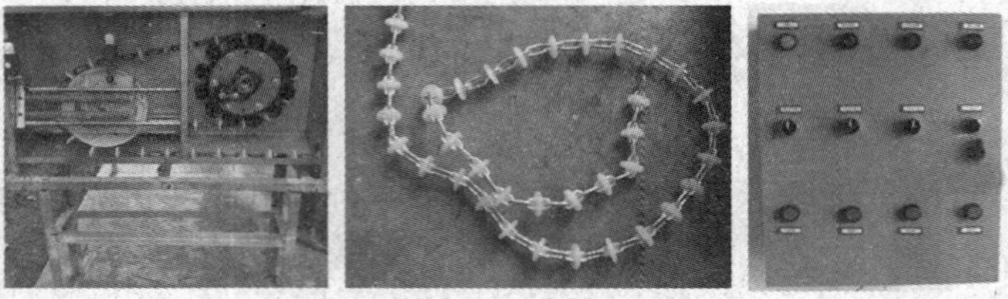

图7-26　自动喂料系统的驱动箱配电柜

五、饮水和加药设备

猪场一般采用深井供水，供水系统由深水泵、水塔、输水管、饮水器和加药器以及水净化处理设备等组成。

（一）饮水器

猪场采用自动饮水器的供水系统，自动饮水器一般可分为鸭嘴式、乳头式、碗式等，同时在供水线上安装过滤装置。

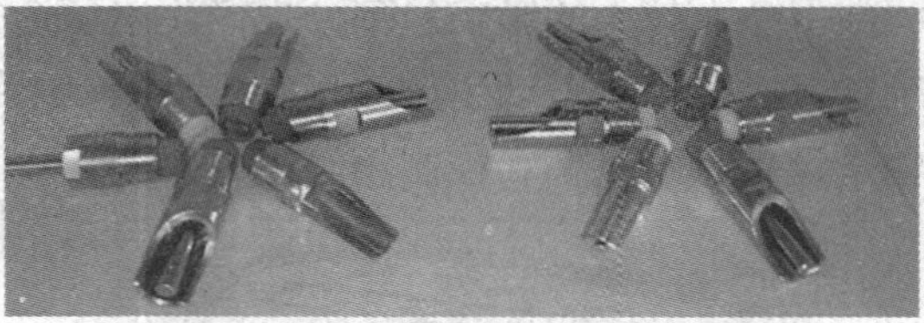

图7-27　鸭嘴式乳头式饮水器

图7-28　饮水碗

（二）加药器

通过饮水加药对生猪进行预防、保健和药物治疗的灵活性、快速性和有效性等优势已经在实践中得到了证实。当前，猪场饮水加药主要有人工加药和加药器自动加药方式。人工加药存在加药比例不精确、药物浪费多、劳动强度大等缺点，正在逐步被加药器自动加药方式所替代。

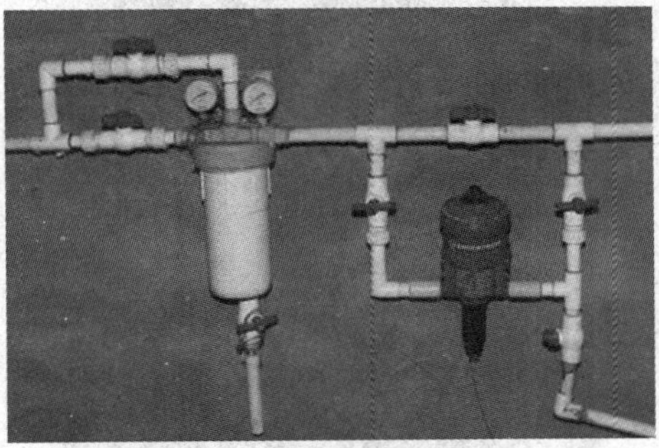

图 7－29　自动加药系统示意图

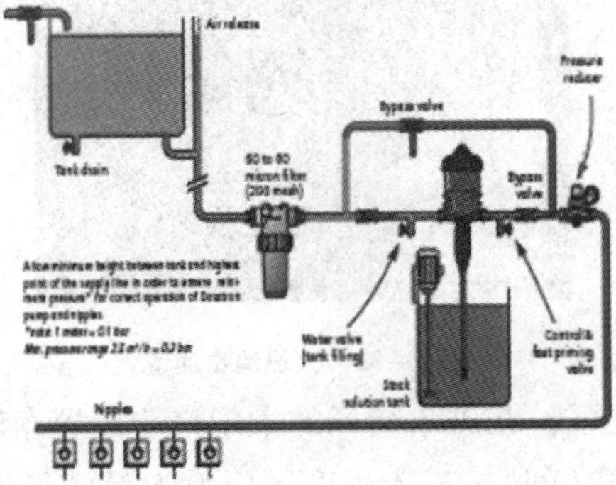

图 7－30　自动加药系统

六、防疫和消毒设备

猪场疫病防控关系到养猪的经济效益，甚至关系养猪的成败。必须树立“预防为主、防重于治”的观念，因此，完善猪场防疫和消毒设施设备尤为重要。

（一）消毒通道

图7－31　车辆消毒通道

图7－32　人员消毒通道

一般情况下，在进入猪场的大门口应设置车辆消毒通道和人员消毒通道（间），进入生产区应设人员消毒通道（间）和更衣间。车辆消毒通道消毒池深0.3～0.5m，宽度根据进出车辆的宽度确定，一般为3～5m，长度要满足车辆轮子在消毒池药液内滚过至少一周，通常为5～9m，池边应高出消毒液0.05～0.1m。消毒池四周还应安装喷雾消毒装置，以便对车体进行消毒，上方最好建有顶棚。人员消毒通道（间）通常设在车辆消毒通道旁边，通道地面敷设消毒脚垫或消毒池，在墙壁上安装超声波雾化消毒机或顶部安装紫外线灯。

（二）紫外线消毒灯

紫外线消毒灯是猪场最常用的消毒方式之一，主要安装在人员进入通道、兽医室等地方。消毒使用的紫外线是 C 波紫外线，其波长范围是200～275nm，杀菌作用最强的波段是250～-270nm。

图 7-33　紫外线消毒灯

（三）超声波雾化消毒机

图 7-34　固定式雾化消毒机

超声波雾化消毒机由雾化发生器、雾化片以及管道等组成，一般分为固定式和移动式两种。整个消毒过程全智能自动完成，无须人员操作雾滴立体全面包裹被消毒对象，实现立体无死角消毒电子门卫功能，自动强制消毒。

图 7－35　移动式雾化消毒机

七、废弃物处理利用设备

生猪养殖过程中会产生大量的废弃物，这些废弃物如果处理利用不当，将会对猪场周边的土壤、水和空气造成污染。猪场废弃物包括粪便、尿液、垫料、冲洗水、动物尸体和饲料残渣等。目前，养殖废弃物处理利用的方式主要有清洁回收、集中处理、达标排放和种养结合循环利用四种。与之相关的设备主要有以下几种。

（一）牵引刮粪机

由粪便刮板、滑动支架、牵引绳和主机组成。该机操作简单、使用方便、安全可靠，可以调节清粪频率，运行噪声低，对猪只影响较小，极大减轻劳动前度，但初期投资较大，维护较为不便。

图 7－36　牵引刮粪机

图 7－37　固液分离机

（二）螺旋挤压式固液分离机

螺旋挤压式固液分离机是一种较为新型的固液分离设备，目前应用较广。粪水固液混合物从进料口被泵入螺旋挤压机内，安装在筛网内的挤压螺旋以一定的转速将粪水挤压，通过螺旋口将干物质分离出来。

（三）切割进料泵

切割进料泵主要为固液分离机创造一个稳定的进料环境，带有双重切割功能，能有效切碎粪便中的纤维杂质，同时还带有专用提升系统，安装、拆卸方便。

图 7－38　切割进料泵

（四）沼肥运输车

图 7－39　沼肥运输车

八、其他设备

猪场一般还应配备仔猪转运车、电子秤、台秤、实用兽医诊治设备、人工授精设备、母猪妊娠诊断仪、耳号钳、断尾钳等。

第八章　猪粪便资源化利用技术

随着养猪业的迅速发展，生猪存栏数量与结构发生了巨大变化，从以往的小规模养殖逐步发展为规模化、集约化养殖。由于规模化养殖水平的提高，生猪生产中所产生的粪便如何有效处理与利用已经越来越受到关注，如果粪便处理不恰当，会给环境保护带来重大隐患和压力，也会成为养猪业发展的瓶颈。目前，采用种养结合的生产模式是解决养殖粪便污染问题的有效途径。

表 8－1　猪场粪便排泄量估算

类别	日排粪量（千克/头）
公猪	2.0～3.0
空怀母猪	2.0～2.5
哺乳母猪	2.5～4.2
断奶仔猪	0.7
后备猪	2.1～2.8
生长猪	1.3
育肥猪	2.2

种养结合模式是将畜禽养殖生产的粪便、有机物作为生产加工有机肥的基础，为种植业提供有机肥来源，同时种植业生产的作物又能够给畜禽养殖提供食源的一种有机结合模式。养

殖场采用干清粪或水泡粪等清粪方式，液体废弃物进行厌氧发酵或多级氧化塘处理后，就近应用于蔬菜、果树、茶园、林木、大田作物等生产，固体经过堆肥发酵后就近或异地用于农田。

第一节　猪粪便对环境的影响

生猪养殖对环境的影响主要有以下几个方面。

一、大气

猪粪中含有大量有机物质，排出体外后会迅速腐败发酵产生大量的氨气、硫化氢气体等恶臭物质，这些物质直接刺激动物的呼吸器官，传播病原微生物，抑制机体的免疫力，使动物体的易感性升高，直接影响生猪产量品质，同时恶臭气体分子附着于微小尘埃随风飘散而严重影响周围居民的生活。

二、水和土壤

猪场的粪尿和污水未经过处理任意排放、处理不当或直接用作肥料，会造成病虫害的传染，同时会造成发酵烧苗、毒气危害、土壤缺氧、肥效释放缓慢等问题；如排入水体中会严重污染水资源。

三、传播人畜共患病

由动物传染给人的人畜共患病有 90 余种，这些人畜共患病的载体主要是畜禽粪便及排泄物，猪场粪便处置不当会直接威胁人类的健康。

四、影响猪的自身生长

畜禽生产的环境卫生状况与畜禽的正常生长发育有很大关

系，比如由粪便产生的氨、硫化氢等气体可使猪的生产性能下降，严重时会造成仔猪中毒死亡，氨还影响猪的繁殖性能。

第二节　猪粪便处理技术

一、粪便的收集

目前，养猪生产中清粪主要有水冲、水泡粪、干清粪和发酵床等方式。不同清粪方式所配置的清粪设备有很大的差异。水冲粪配置的工艺与设备比较简单，操作方便，劳动强度很轻，但因用水量大，增加污水产生量，同时会影响室内空气质量，给后期处理造成很大压力，同时由于我省气候因素，发酵床技术应用效果较差，目前这两种清粪方式在我省应用很少。下面主要介绍干清粪和水泡粪技术工艺。

（一）干清粪

1. 人工干清粪

人工干清粪是人工清扫、收集、运输粪便，优点是干湿分离较彻底，有利于粪便和尿液的后期处理，缺点是劳动强度大，人工成本高，主要在中小猪场中应用。

2. 自动干清粪

自动干清粪是利用干清粪机，将粪便从粪沟中刮出舍外。其优点是可以节省劳动力，清粪次数和时间可以自行设置，缺点是多数清粪机在运行过程中易损坏，造成粪便堆积。此方式适用于规模猪场。

（二）水泡粪

水泡粪系统在国外使用较为广泛，它是利用虹吸原理的一种节水型清粪方式。其优点是运行费用低、节省人力，缺点是粪便被水尿稀释发酵，后期处理困难，同时还会产生大量氨气等有害气体，导致舍内的空气质量较差。

二、粪便的处理

（一）堆肥

1. 堆肥原理

堆肥处理方式是在人工控制水分、碳氧比和通风条件下，通过微生物作用，对固体粪便中的有机物进行降解，使之矿质化、腐殖化和无害化的过程。堆肥主要分好氧堆肥和厌氧堆肥，目前主要以好氧堆肥为主。堆肥后的粪便营养更加稳定，更加便利于作物吸收，同时还能改良土壤状况。因此养猪户和中小型猪场基本都应用这种处理技术。

2. 基本过程

利用好氧微生物将复杂的有机质转化为稳定的腐殖质，同时产生热能，粪便内部温度逐渐升高，达到60℃～70℃高温并且能够持续数天，不仅能降低水分，同时能杀灭其中的有害病原微生物、寄生虫、虫卵和杂草种子等，腐熟后的物料不再有臭味，易于被作物吸收，整个过程根据工艺不同持续从几十天到几个月，将粪便转变为肥料。

3. 影响因素

（1）通风。通风量的多少影响着微生物的活动强烈程度，供氧的多少决定了堆肥的速度和质量，因此，堆肥过程中需要保证充足和良好的通风供氧条件。目前主要有斗式装载机、动力铲、通风管、高压风机等供氧设备。

（2）温度。温度是影响微生物活动和堆肥工艺过程的重要因素。温度过低，分解反应速度慢，也达不到无害化要求；温度过高，有益细菌将被杀死，且分解速度慢。适宜的堆肥化温度为55℃～60℃。

（3）颗粒度。堆肥化所需的氧气是通过堆肥原料颗粒空隙供给的。空隙率及空隙的大小取决于颗粒大小及结构强度。对堆肥原料颗粒的平均适宜粒度为12～60mm，最佳粒径随垃圾物理特性而变化。

（4）含水率。含水率对于发酵过程影响很大。水的作用包括两点：一是溶解有机物，参与微生物新陈代谢；二是调节堆体温度。适宜含水率范围为45%～60%。

（5）发酵剂。加入发酵剂可以加快堆肥的发酵速度，大大缩短堆肥腐熟的时间。

（6）C/N比。C/N比影响有机物被微生物分解的速度。C/N比在10～25之间时，有机物的分界速率最大。一般认为城市固体废物堆肥原料最佳C/N比在（20～35）:1。

（7）C/P比。磷的含量对发酵有很大影响。堆肥料适宜的C/P比为75～150。

（8）供氧量。对于好氧堆肥而言，氧气是微生物赖以生存的条件，供氧量要适当，通常实际所需空气量应为理论空气量的2～10倍。

（9）pH酸碱度。一般认为pH在7.5～8.5时，可获得最大堆肥速率。

（10）有机质含量。这一因素影响堆料温度与通风供氧要求。如有机质含量过低，分解产生的热量不足以维持堆肥所需要的温度，影响无害化处理；如果有机质含量过高，则给通风供氧带来困难，有可能产生厌氧状态，研究表明堆料最适合的有机质含量为20%～80%。

4. 分类

堆肥分好氧堆肥和厌氧堆肥，好氧堆肥是依靠专性和兼性好氧微生物的作用，使有机物降解的生化过程，好氧堆肥分解速度快、周期短、异味少、有机质分解充分；厌氧堆肥是依靠专性和兼性厌氧微生物的作用，使有机质降解的过程，厌氧堆肥分解速度慢、发酵周期长且堆制过程中易产生臭气。目前较多应用的是好氧堆肥，好氧堆肥包括自然堆肥、发酵槽堆肥、生物发酵塔堆肥和蚯蚓堆肥。

图 8－1　条垛式堆肥

图 8－2　槽式堆肥

（二）干燥处理

干燥处理粪便是利用热能、太阳能等能源，对畜禽粪便进行脱水、灭菌等处理，直至最后变为肥料的过程。

1. 自然干燥

将新鲜猪粪均匀摊在水泥地面或塑料布上，经常翻动，使其自然干燥，这种干燥方法具有低成本，易操作等优点，但处理规模较小，受季节及天气影响较大，干燥是易产生臭味，不宜作为集约化生猪养殖场的主要处理技术。

2. 高温快速干燥

高温快速干燥是利用干燥机的滚筒，短时间内（约数十秒钟）在500℃～550℃的高温作用下，将猪粪含水分量降到13%以下。这种方式不受天气影响，能大批生产，干燥快速、可同时达到去臭、灭菌、除杂草等效果，但一次性投资较大、养分损失大、成本高，因此适合大规模猪场。

图8－3　高温发酵罐

3. 烘干膨化干燥

烘干膨化干燥是利用热效应和膨化机械效应两个方面的作用，对畜禽粪便进行除菌灭卵，从而达到符合卫生防疫的要求。该方法一次性投资较大，烘干膨化时耗能较高，这种处理方式适合大规模猪场采用。

（三）有机肥

有机肥生产主要通过生物工程处理的方式，将粪便分别转化成有机肥料、生物蛋白、沼气能源等，配套用于种植业生产。养猪场经过粪便收集、干燥、发酵、添加、制粒、灌装等过程，可根据用户需求生产专用高档有机肥。有机肥生产可实现商品化，生产成袋装、灌装和桶装液体肥，便于长距离运输。

图8－4　粪便传送带

图8－5　有机肥成品

三、粪水的处理

粪水处理常采用生化处理方法，依据微生物代谢过程对氧的需求不同，可分为好氧微生物、厌氧微生物和介于两者之间的兼性微生物，相应的处理工艺也以此分类。

在处理方法上，应本着减少投资、节约能耗、因地制宜的原则，采用物理的、化学的和生物的方法进行多级处理，但是不能直接套用工业污水和生活污水处理模式。粪水处理比较麻烦，存在投资大，不利于输送，使用量不好控制等因素。因此畜禽养殖中粪便处理的关键问题其实是粪水的处理问题，粪水经过适当的处理后进行还田做肥料较为合理，不仅减少了粪水可能带来的污染，而且实现了粪水的资源化利用，更体现了种养结合的循环生态农业模式。

（一）自然好氧处理

1. 自然处理法

自然处理法是利用天然水体、土壤和生物的理化与生物之间的综合作用，利用氧化塘的藻类共生体系以及土地处理系统或人工湿地中的植物、微生物净化粪水中污染物。适合小规模，以干清粪为主的猪场。

2. 氧化塘处理法

氧化塘处理法是一种利用水塘中的微生物和藻类对污水和有机废水进行生物处理的方法。生物塘法的基本原理是通过水塘中的“藻菌共生系统”进行废水净化。所谓“藻菌共生系统”是指水塘中细菌分解废水的有机物产生的二氧化碳、磷酸盐、铵盐等营养物供藻类生长，藻类光合作用产生的氧气又供细菌生长，从而构成共生系统。

3. 人工湿地处理

粪水人工湿地处理是利用人工湿地的碎石床及栽种的耐有机废水植物作为生态净化系统，运行成本低，处理效果好，管理方便，可高效处理粪水。

（二）人工好氧处理

人工好氧生物处理主要靠微生物作用，特别是细菌的作用。根据生化反应中氧气的需求与否，可把细菌分为好氧菌和厌氧菌。主要依靠好氧菌和兼性厌氧菌的生化作用等完成处理过程的工艺，称为好氧生物处理法。人工好氧生物处理法是采用人工措施，加快处理速度，主要有活性污泥法、SBR（序批式活性污泥、间歇式活性污泥法）、生物滤池、生物接触氧化、生物转盘、A/O（缺氧—好氧）等。

（三）厌氧处理

厌氧处理常见模式是在无分子氧的条件下，通过兼性厌氧微生物、厌氧微生物的作用，将废水中各种复杂有机物分解转化成甲烷和二氧化碳等物质的过程。

厌氧发酵处理的优点在于可消除气味、杀灭有害病原菌，产生沼气等清洁能源和沼渣沼液等土壤改良肥料，但厌氧发酵处理也存在一些制约因素：前期建造成本高昂（投资回收可能长达15～20年）；沼气系统的维护需要专业人员和知识；需要额外的人工和维护成本投入；适用于大型超大型猪场使用。

厌氧处理方法也称厌氧消化技术或沼气发酵技术，是厌氧微生物在厌氧条件下将有机质通过复杂的分解代谢，产生沼气和污泥的过程。厌氧技术在中国是较为常用的技术。对于养殖场高浓度的有机污水，通过厌氧消化工艺，去除大量的可溶性有机物（去除率可达85%～90%），而且可杀死传染病菌，有利于防疫。

（四）厌氧—好氧联合处理法

厌氧－好氧联合处理法是采用厌氧消化技术，对养殖场高浓度的粪水，通过厌氧消化工艺，高效去除大量的可溶性有机物（去除率可达85%～90%），并杀死传染病菌；在厌氧处理的基础上，好氧生物处理方法采取人工强化措施来净化污水，使养殖场的污水处理能够达到要求，从而进行综合利用。

图 8－6　地面试沼气池

图 8－7　埋入式沼气池

四、有害气体的治理

猪场产生的臭味来自猪舍、堆粪场及粪污排放的气体，主要为苯酚、含氮臭气、硫化物及各类挥发性脂肪酸等有害气体，如何有效的控制猪舍臭气的排放，是养猪生产中首要解决的问题。

（一）应用生物过滤技术治理臭味

生物过滤技术是一种低能耗环保、高效的除臭技术。主要由风机、通风管道、生物介质（木屑、混合肥料），支撑结构及高压排风扇组成。猪舍的臭味经风机收集到通风管道中，再在高压排风扇的作用下，驱使空气通过生物介质过滤后排出。在生物过滤器中增湿后的臭味与附着在过滤器的介质表面的微生物接触，有机成分被微生物吸收、净化后作为气体排放。生物过滤技术对硫化氢的去除率可达95%，对氨气的去除率可达80%。

（二）利用绿色植物治理臭气

绿色植物对防止场内空气污染的作用很大，可吸收二氧化碳、二氧化硫、氨气等有毒气体；还可以吸尘埃及减少空气中的细菌。可人为地利用猪舍的空地及周边多种香樟、女贞、白杨、葡萄、柑橘、楠竹等树木，通过植物的光合作用，吸纳猪舍内的大量有害气体，既保护了环境净化了空气，又替猪舍遮挡太阳光的辐射。

第三节　种养结合模式介绍

标准化规模猪场粪便处理利用按照“三化”（减量化、无害化、资源化）的总体要求，实行“三同时”（同时设计、同时施工、同时投入生产）、“三分离”（雨污分离、干湿分离、净道污道分离）、“二配套”（配套干粪有机肥生产、配套经沼气池处理后沼液的农田利用系统）、“一结合”（种养结合循环利用）的技术和工艺，做到粪便综合利用。散养户和小规模猪场根据当地土地消纳能力采用就地还田或异地还田的种养循环利用模式。现重点介绍几个循环利用模式：

一、“猪—沼—果”模式

养猪殖场采用雨污分流，干湿分离，干粪进行堆积发酵，污水进入沼气池进行厌氧发酵，经发酵后实现杀虫、灭菌、除臭，作为肥料回用于果园。干粪主要用作基肥，施肥时间秋施比春施更好。施肥方法采用环状施肥法，即以果树主茎为圆心，沿树冠垂直投影边缘外侧开沟，将肥料施入沟中并覆土。施用量：苹果树 1.3～1.5 吨/亩，梨树 1.5～1.6 吨/亩，柑橘树 1.9～2.0 吨/亩。沼液、沼渣可用作追肥，用法采用环状施肥法，施用量应折合成干粪的营养物质含量进行计算。

图 8－8 果园储液池

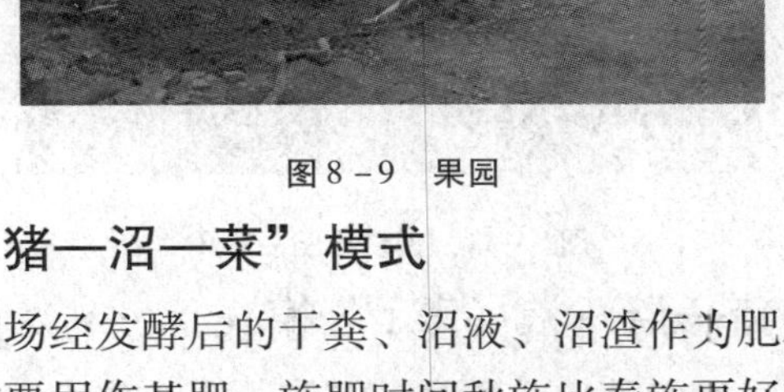

图 8－9 果园

二、“猪—沼—菜”模式

养猪殖场经发酵后的干粪、沼液、沼渣作为肥料回用于菜地。干粪主要用作基肥，施肥时间秋施比春施更好。施肥方法有撒施、条施和穴施。撒施：在耕地前将肥料均匀撒于地表，结合耕地把肥料翻入土中，使肥土相融。条施：结合犁地开沟，将肥料按条状集中施用于作物播种行内。穴施：在作物播种或种植穴内施肥。施用量：黄瓜1.3～1.5吨/亩，番茄2.3～2.5吨/亩，茄子2.0～2.2吨/亩，青椒2.0～2.2吨/亩，大白菜1.0～1.2吨/亩。沼液、沼渣可用作追肥，用法采用条施和穴施，施用量应折合成干粪的营养物质含量进行计算。

图8－10　蔬菜种植

图8－11　粪便堆肥后还田

三、"猪—沼—粮（草）"模式

养猪殖场经发酵后的干粪、沼液、沼渣作为肥料回用于大田作物和牧草。干粪主要用作基肥，施肥时间秋施比春施更好。施肥方法有撒施、条施和穴施。施用量应根据农田本底肥力水平来施用，小麦和玉米田 0.9 ~ 1.3 吨/亩，水稻田 1.0 ~ 1.5 吨/亩。沼液、沼渣可用作追肥，用法采用条施和穴施，施用量应折合成干粪的营养物质含量进行计算。

图 8 - 12 水稻田

图 8 - 13 玉米田

四、"猪—粪—蚯蚓"模式

该模式利用蚯蚓喜食有机废弃物和觅食活动过程产生的生物能的特点，对猪粪进行生物转化和有效利用，是一种生态、节能、环保、高效的好方法。这种"蚯蚓 + 有机废弃物"的方法，可以在不用能源，水源，机械的情况下，将粪便快速转化为优质蛋白质（蚯蚓）和优质的生物有机肥（蚯蚓粪）。在转化过程中，可以做到完全不产生废物，废气，废水，还可以消除掉粪便的臭气，因此具有良好的经济效益和生态效益。

（一）蚯蚓养殖方法

蚯蚓养殖采用露天堆肥养殖，成本低，适合大规模生产蚯蚓产品。将猪粪与其他畜禽粪便混合做成高15～20cm，宽1～1.5m，长度不限的条垛，放入蚓种，盖好稻草，遮光保湿，就可养殖。其优点是操作方便，省去了堆制发酵一系列工作，饵料保持养分不受损失，提高了蚯蚓生长速度，易于推广应用。

1. 养殖密度

种蚯蚓数量，应控制在每平方米1万条以内，生产蚓群3kg/m^2（2～3.1万条），前期幼蚓每平方米3万条，后期下降到2万条。

2. 产量

每平方米产量可达每年10kg，一般在6～8kg，饵料每消耗25～30kg，可产1kg鲜蚓，并可获得70%蚓粪。

（二）饲养管理

1. 饵料的投喂

及时喂给蚯蚓充足的饵料，是保证蚯蚓快速生长的重要措施。将饵料采用堆块上投法，厚度为10cm，不要将床面盖满，不求平整，以便分离蚯蚓。

2. 蚯蚓养殖温度

最佳温度在15℃～25℃。冬季采用加厚养殖床到40～50cm，饵料上盖稻草，再加塑料布，保温、保湿，夏季力争每天浇一次水降温。

3. 饵料

最好是牛粪、猪粪、马粪、羊粪、兔粪，猪、羊、兔粪加秸秆、稻草。

（三）蚯蚓的采收

最佳方法是自然光照采集法。每平方米密度达到2万~3万条，80%个体达到0.3g以上，是最佳采收时间。采收时，提前24小时浇足水，不可过干过湿；然后将养殖床上面10cm饵料的70%集中在水泥地面或塑料布上，利用蚯蚓怕光的特点，逐层扒开，将饵料扒净；最后，使蚯蚓集中在底层，达到收集目的。

图8-14　蚯蚓养殖场

图8-15　蚯蚓有机肥

图 8－16　蚯蚓生产

图 8－17　蚯蚓产品

主要参考文献

［1］刁运华．四川畜禽遗传资源志．成都：四川科学技术出版社，2009.

［2］李登忠，杨军香．畜禽粪便资源化利用技术．北京：中国农业科学技术出版社，2016.

［3］罗安治．养猪全书．成都：四川科学技术出版社，2005.

［4］荆继忠，黄毅．猪良种引种指导．北京：金盾出版社，2005.

［5］王凤英，黄维远．科学养猪技术问答．北京：中国农业大学出版社，2005.

［6］刘海良．养猪生产．北京：中国农业出版社，2006.

［7］王爱国．养猪学．北京：中国农业大学出版社，2007.

［8］潘琦．科学养猪大全．安徽：安徽科学技术出版社，2007.

［9］李德发．猪的营养．北京：中国农业大学出版社，1998.

［10］汪嘉燮．生态养猪技术手册．上海：上海科学技术出版社，2007.

［11］张金枝．瘦肉型母猪饲养技术手册．上海：上海科学技术出版社，2005.

［12］王爱国．现代实用养猪技术．北京：中国农业出版社，2003.

［13］苏振环，丁壮等．科学养猪指南．北京：金盾出版社，2006.

［14］庆麦玉，刘安典等．农村养猪新技术．北京：中国农业出版社，2006.

［15］苏振环．现代养猪实用百科全书．北京：中国农业出版社，2005.

［16］李炳坦，赵书广，郭传甲．养猪生产技术手册．北京：中国农业出版社，2004.

［17］段诚中．规模化养猪新技术．北京：中国农业出版社，2000.